数字纺织品设计

（原书第2版）

内 容 提 要

本书涵盖了纺织设计专业学生和从业人员需了解的所有数字设计和印花知识。

本书为纺织品设计师量身定制，为学生和专业人士使用 Adobe Photoshop 和 Illustrator 工具从事设计工作提供专业指导。系列操作教程富有启发性，循序渐进，引导读者借此创造设计全过程，既适用于传统纺织品生产工艺，又适用于织物数字印花设计。

本书介绍了设计师掌握和应用纺织品数字印花技术的方法，展示了应用该技术的设计作品，对相关技术进行深入探讨。本书采用了全新设计，全新图片贯穿本书始终。第2版内容根据 Adobe Creative Suite 软件套装的最新功能进行了更新。

原文书名：Digital Textile Design （second edition）

原作者名：Melanie Bowles and Ceri Isaac

© Text 2012 Central Saint Martins College of Art & Design, The University of Arts London.

First published in Great Britain in 2009

Second edition published 2012 by Laurence King Publishing in Association with Central Saint Martins College of Art & Design

This book has been produced by Central Saint Martins Book Creation, Southhampton Row, London, WC1B 4AP, UK.

Translation © 2021 China Textile & Apparel Press

The original edition of this book was designed, produced and published in 2012 by Laurence King Publishing Ltd., London under the title Digital Textile Design Second Edition. This Translation is published by arrangement with Laurence King Publishing Ltd. for sale/distribution in The Mainland (part) of the People's Republic of China (excluding the territories of Hong Kong SAR, Macau SAR and Taiwan Province) only and not for export therefrom

本书中文简体版经 Laurence King Publishing 授权，由中国纺织出版社有限公司独家出版发行。

著作权合同登记号：图字：01-2020-5313

图书在版编目（CIP）数据

数字纺织品设计：原书第 2 版 /（英）梅兰妮·鲍尔斯（Melanie Bowles），（英）切里·艾萨克（Ceri Isaac）著；刘珊译 . -- 北京：中国纺织出版社有限公司，2021.11

（国际时尚设计丛书 . 服装）

书名原文：Digital Textile Design : second edition

ISBN 978-7-5180-8953-6

Ⅰ．①数… Ⅱ．①梅… ②切… ③刘… Ⅲ．①数字技术—应用—纺织品—设计 Ⅳ．①TS105.1

中国版本图书馆 CIP 数据核字（2021）第 203578 号

责任编辑：宗　静　　特约编辑：渠水清
责任校对：寇晨晨　　责任印制：王艳丽

中国纺织出版社有限公司出版发行
地址：北京市朝阳区百子湾东里 A407 号楼　邮政编码：100124
销售电话：010 — 67004422　传真：010 — 87155801
http://www.c-textilep.com
中国纺织出版社天猫旗舰店
官方微博 http://weibo.com/2119887771
北京华联印刷有限公司印刷　各地新华书店经销
2021 年 11 月第 1 版第 1 次印刷
开本：889×1194　1/16　印张：12
字数：223 千字　定价：128.00 元

数字纺织品设计

（原书第2版）

【英】梅兰妮·鲍尔斯（MELANIE BOWLES）
【英】切里·艾萨克（CERI ISAAC）

著

刘珊　译

中国纺织出版社有限公司

目录

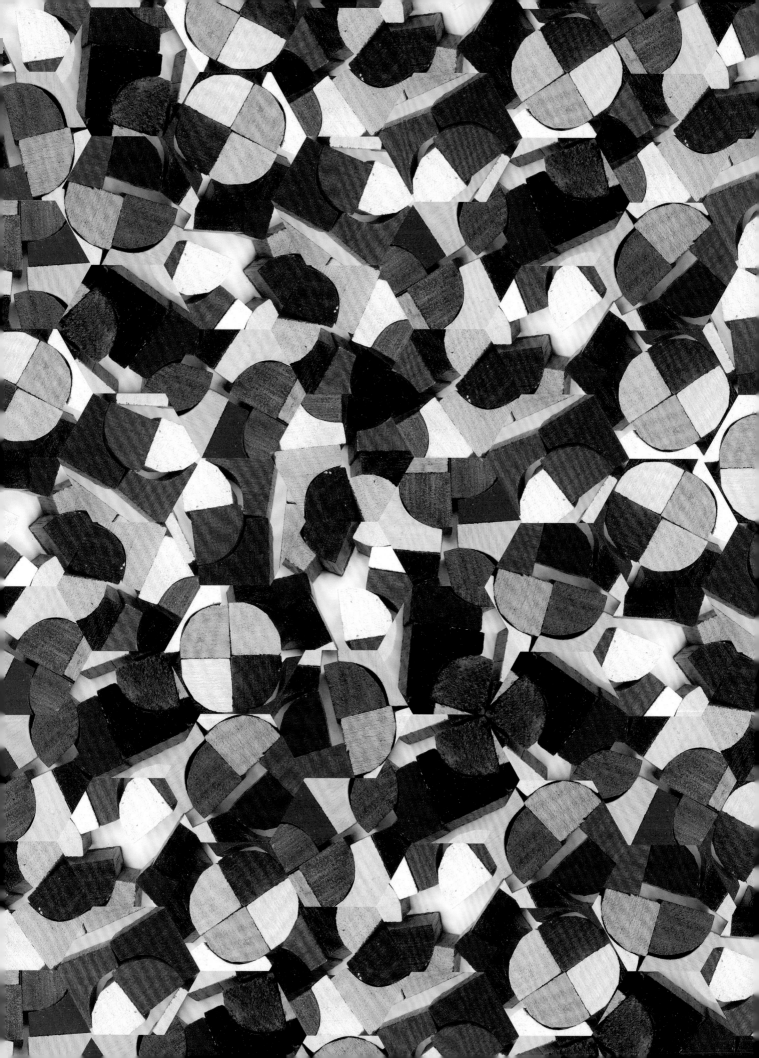

导论

数字技术无论是在创造和展示设计的方法，还是实现设计的方式方面，都深刻改变着传统纺织品的设计模式。 设计师在数字环境中工作可以有更多的时间进行试验、探索和创造，并利用制造技术提出创新的印刷方案。 这本书实用性强且鼓舞人心，它描绘了纺织品设计新时代的风貌，以清晰的教程和案例研究为特色，揭示了数字技术在时装、室内设计和家居装饰等行业的应用方式。

织物数字印花技术的发展改变了印花方法，消除了纺织品设计师在传统上面临的限制：设计师能够处理数千种颜色，并创造出高分辨率的图案，无须担心丝网印花和滚筒印花中的循环图案和分色问题。 实验也有了更大的自由，单件生产成为可能，设计师可以为一件衣服专门设计小幅印花面料。

Adobe Photoshop 和 Illustrator 等软件为纺织品设计提供了完美的平台。 这些工具已成为纺织设计师的行业标准工具，为他们提供了位图和基于矢量的图像，创造高分辨率的图形效果，以便绘图和处理照片。

数字印刷能够让分层图像丰富混合，但一些传统印刷方法可以实现的表面和触觉质量可能会因此丢失。 鉴于此，设计师们正在寻找方法，使用诸如套印和装饰等技术提高织物质量。 这种数字技术和手工制作技术的结合甚至创造了一种新的混合工艺。

这一新领域激动人心，它正拓展着纺织品设计的范围。无论你对纺织品的兴趣点在何处？不管你是学生还是专业人士，是设计师还是生产者，你都会发现这是一本重要而全面的数字纺织品设计指南。

第一章
数字时代的纺织品
设计和印刷

纺织品设计的新方向

数字印刷是丝网印刷技术出现后的一次重大进步，正给纺织品设计带来一场革命。设计师们在从未涉足过的资源中寻求灵感。一种新的表面设计视觉语言方兴未艾。

新一代年轻设计师通过跨学科运用图形软件、数字摄影、视频和特效，给印花面料带来新的元素。三宅一生（Issey Miyake）、侯赛因·查拉延（Hussein Chalayan）和科姆·德斯·加隆（Comme des Garcon）等时装设计师不懈地使用和适应数字设计和生产技术。他们创作和使用了极具创新性的印花织物，这些印花品和传统图案大相径庭，可谓开辟了新的领域：彩花式图案通过摄影印花，如同获得重生；乔纳森·桑德斯（Jonathan Saunders）等设计师的几何图案设计成为服装的焦点，拥有了领先时代的优势。如今，这一工艺在T台秀系列时装设计中得到了广泛应用。设计师们可以使用大片按特殊要求定制的印花或裁片定位印花，根据服装结构定制印花稿。服装、戏剧、室内装饰和产品设计等其他领域工作的设计师也更容易参与到表面图案设计中。不具备纺织印花专门知识的艺术家和设计师通过服务机构掌握这项技术后，能够设计和生产自己需要的织物和表面装饰。

数字印花技术在时装和纺织品设计中迅速确立了地位。尽管由于其生产成本高，创新发展主要在时装和纺织品设计的中高端行业中体现（如本章所示的一系列例子），但它已经汇集纺织、时装和室内设计等学科，改变了设计师的工作方式。由于数字工具的直观性和自发性，印花图案与服装或产品本身的形式一样，带给设计师视觉冲击。

本章介绍这一新技术对纺织品设计的影响，并探讨了著名设计师和新锐设计师的设计，他们将计算机辅助设计和数字印花术运用到广泛的领域，将其作用发挥到极致。

从上到下：

丹麦设计师多特·阿格加德（Dorte Agergaard）在其家具系列中将日常物品置于不同寻常的环境中。

马克·范根尼普（Mark Van Gennip），"墨水风暴"（2008年）：这件开拓性的作品并未采用后印刷工艺处理，以营造有机数字印花效果。

信托基金（Frust Fun）的"荣耀围巾钱袋子"的设计是使用分形软件创建的。每个单元都是数学上基于唯一方程式的有效分形，无法复制。

自上而下顺时针：

亚历山大·麦昆（Alexander McQueen），2010秋冬：头骨和骨头是这些技术精湛的数字印刷的基础，这些数字印刷应用到了整个服装。

巴索和布鲁克（Basso & Brooke），"布伦夫人"，2009秋冬：数字设计为该图创造了新的轮廓。

玛丽·卡特兰祖（Mary Katrant-zou）2011春夏 trompe l'oeil 印花系列"这不是房间"创造了三维内部视图，其服装款式受到灯罩和流苏的启发。

乔纳森·桑德斯（Jonathan Saunders）的2011秋冬系列以20世纪40年代的装饰艺术设计为灵感，并巧妙地运用了数字设计和印刷技术。

数字纺织品印刷

纺织品的数字印花源自最初为纸张和标牌印花而开发的复印技术，现在它为纺织业提供了与纸张和标牌印花业同样的业务。对于独立设计师和业余爱好者来说，数字印花之变类似于台式印刷初起的状态，不同的是其成本更高。因为需要开发适合机织和可拉伸织物的油墨和特制的大型打印机，该技术在纺织业中发展较慢。1998 年出现了 Mimaki 等大型数字纺织打印机，2003 年，Konica，Minolta，Reggiani，Robustelli 和 Dupont 等公司推出工业规模打印机，可以预见数字印花在纺织和时装行业中的应用速度和水平都会发生重大进步。2008 年，Osiris 公司推出了 ISIS 打印机，这意味着喷墨打印机的速度将可能与传统的圆网印刷相媲美。

数字印刷相对于传统印刷有四个主要优点：将图案转换到织物上的速度快；能够打印复杂的细节和数以百万计的颜色；可以制作大尺寸图像；对环境的影响小。传统印花基于版面模子，如丝网印刷、木版印刷和凹版印刷，首先要求为每种颜色制作单独的模板，然后分阶段建立图像，因此必须单独设置每种颜色的模板。颜色越多，工艺越昂贵、越耗时，因此颜色的数量受到现实条件的限制，经常给设计者带来相当大的限制。在工业化的传统纺织印花中，重复的图案是标准的，并且由于设计的尺寸受限于模板的精确尺寸，超大尺寸的图像也是不切实际的。

数字打印意味着对可以使用喷墨技术精确复制的图像种类几乎没有限制。正是这种令人兴奋的优势成就了本章所探讨的新设计风格。

从上到下：

普拉达（Prada）的 2010 春夏成衣系列采用褪色的明信片海滩场景，唤起了人们对暑假的怀念。

侯赛因·查拉扬（Hussein Chalayan）的 2009 春夏系列灵感源于被压碎的汽车，经过精心绘制，通过数字印刷以保留绘制的细节。

克里斯托弗·凯恩（Christopher Kane）的 2011 年度假系列采用"银河"印花连衣裙把人们带入天空。

新视觉语言

从历史上看，新技术的出现通常不会立即带来设计风格的改变。最初，用于工业应用的设计会继续遵循与先前技术相关联的风格。例如，第一代汽车的设计类似于马车。只有当从业者开始理解一项新技术的潜力并对其感到满意时，变化才会开始发生。

撇开热转移印花不谈，纺织品喷墨印花的出现意味着纺织品设计师能够通过利用计算机辅助设计（CAD）赶上平面设计师。由于数字成像技术的应用，早期的设计风格往往明显依赖计算机生成；其重点在于展示技术的应用，并没有真正把 CAD 作为实现更复杂视觉效果的工具。一种更成熟的数字纺织品设计风格正处于发展期，设计师们为此进行了更多的试验。他们根据扫描或数字摄影的主题创作设计，能够呈现视觉陷阱等效果以及只有使用计算机绘图和操作工具才可能实现的图形和图画风格。设计师们开始将数字印刷与传统技术相结合，创造出一种新的数字工艺。本书第五章将对此进行探讨。

数字表面设计与摄影

20 世纪 60~70 年代，随着在合成高聚物织物（如涤纶织物）上的染料升华（或热转移）印花日益普遍，摄影印花在纺织品设计中的应用开始普及。由于像 Adobe Photoshop 这样能够处理图像的软件还没有面世，设计往往是基于照片或拼贴，比如 20 世纪 70 年代无处不在的"迪斯科"衬衫。

此后，人们开始能够对图像进行数字化处理和转换，这意味着摄影技术开始融入纺织品设计，更凸显了织物作为材料的本质。布料具有纸没有的特性，它会移动，能反光，通常透明或有纹理性。如果照搬照片打印在纸上的模式，将照片打印到织物上，则可能会产生一种粗陋且不协调的效果。设计纺织品与纯摄影所需的洞察力截然不同。在纸上，照片通常被用作叙述性文件，而在纺织品设计中，照片的融入已然创造出一种非常不同的风格，其图像是微妙或抽象的。

时装设计师拉尔夫·鲁奇（Ralph Rucci）在他的 2009 秋冬系列服装中大量使用了较大廓型。

尼科莱特·布鲁克劳斯（Nicolette Brunklaus）是一位荷兰设计师，她在自己的家居装饰系列中非常巧妙地使用了数字印刷。这张层叠的金发放大照片被用作墙纸，在某种程度上让人联想到20世纪60~70年代的风景壁纸，可谓神奇。

保罗·史密斯（Paul Smith）是数字表面设计的先驱，在他设计的男装和女装系列中均使用喷墨印花。他的大多数数字纺织品设计都是摄影风格的，如水仙花印花连衣裙。

"陈列室模型"是指以阿比盖尔·莱恩（Abigail Lane）为首的一群英国设计师，他们以数字成像为工作重点。这家英国公司生产的折中主义产品涵盖了家具和服装。如右图所示，蓝天白云映衬下苍蝇的签名印花既超现实又幽默。

上图：此设计是塞里·艾萨克（Ceri Isaac）和宇治仁（Hitoshi Ujiie）的合作。某装饰图案被专门创建并用来拍照，然后将其隔离、抽象并透明分层，以完成该设计。

左图：塞里·艾萨克的作品，使用的照片或纹理让人联想到传统模式。人们不太容易发现这是计算机生成的。从马丁·斯坦普（Martin Stumph）的录像中拍摄静止图像，并在 Photoshop 中将选定区域合并在一起而制成这种飞行中的鸟类模式；通过 Photoshop 处理，颜色也得到了增强。

图形和插图风格

　　随着数字时代的到来，许多年轻的新兴纺织品设计师已经开始在他们的设计中使用数字印花。对于某些人来说，数字印花为作品的概念化提供了天然的基础，他们也与图形和插图画家一样，将其他设计技能渗透到每件作品的创作中。

玛丽·卡特兰祖（Mary Katrantzou）的2011秋冬系列以丰富的鸟类、花卉和马赛克版画为特色。服装款式由印花决定，印花使服装有了新的轮廓。

凯蒂·埃里（Katie Eary）在她富有冲击力的2010秋冬男装系列中运用了数字印花。

斯特凡·萨格迈斯特（Stefan Sagmeister）的"达尔文椅"（2009/2010）采用自由摆动的结构，由约200张附着的印花布组成。当顶层变脏时，用户只需将其撕下，即可改变椅子的外观。

露辛达·阿贝尔（lucinda Abell）为毕业时装系列创作的童话图像和错综复杂的花卉设计，彰显了其作为插画家的才华。

视觉陷阱

Trompe l'oeil 翻译为"视觉陷阱",用于描述极其逼真的图像,其产生的效果给人一种幻觉,即所描绘的对象确实存在,而不是它们的实际形态 —— 二维图像。这种样式特别适合数字设计。

丹麦设计师多特·阿格加德使用"视觉陷阱"在室内空间重置日常物品。

伦敦时装学院的毕业生朱拉·雷德尔(Jula Reindell)为她的硕士毕业作品系列设计的这件"剪发图案"衬衫利用了我们对二维表面的感知。

伊莫金·霍兹沃思(Imogen Houldsworth)的"私人视野"系列以裂缝油漆的微妙错觉为特色。

设计优势

如前文所述，数字纺织品印花相对于传统印花方法有如下设计优势——即时性；能够打印复杂的细节和数百万种颜色，具备更大规模打印图像的可能性；能够创造定制的产品和工程设计。

在高速发展的时尚世界中，创意能够迅速转化为漂亮的服装归功于数字工具的即时性。在创造过程中，人们必须通过不断尝试和犯错完成试验和概念的演化，而数字印刷是促成此过程的完美工具。

在喷墨纺织品印花出现之前，除了在聚酯基织物上进行热转印印花外，还无法将所需的数百万种色彩（如油画、水彩或照片）复制到天然纤维织物上。诸如 Mimaki TX2 这样的打印机能够比使用传统的旋转式丝网印刷机打印更细的线条（参照本书第六章），并且单个图像中可以使用数百万种颜色。

除了数字印刷提供的设计优势外，喷墨纺织品印刷比传统的旋转和平版丝网印刷方法更加环保。据一些专家估计，数字打印机比传统的旋转丝网印刷机消耗的能源少 50%。与传统的工业方法相比，数字印刷由于用于沉积图像的染料或颜料更少，因此材料的浪费也更少，并且由于无须筛网，此方法可省水。

大规模印刷

若使用传统印刷技术，重复花样的大小受限于图案模板的尺寸、丝网的尺寸或滚筒的大小，从而限制了图案的尺寸。由于不依赖筛网，数字印刷彻底改变了纺织品设计。设计师对重复花样的选择只关乎审美，而无须对技术上的考虑。

使用 Photoshop 和 Illustrator 等计算机软件工具结合大规模打印技术，使其更容易创建适合服装花样的设计。这种设计被称为"定制"或"裁片定位印花"打印。所有包含印花的图案片都可以归为"排料"，可以进行裁剪和缝制。这项技术也可以进一步应用于定制设计领域。

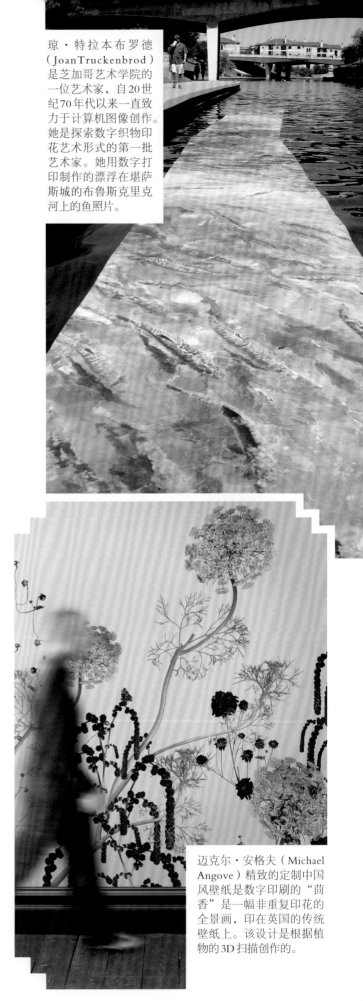

琼·特拉本布罗德（JoanTruckenbrod）是芝加哥艺术学院的一位艺术家，自20世纪70年代以来一直致力于计算机图像创作。她是探索数字织物印花艺术形式的第一批艺术家。她用数字打印制作的漂浮在堪萨斯城的布鲁斯克里克河上的鱼照片。

迈克尔·安格夫（Michael Angove）精致的定制中国风壁纸是数字印刷的"茴香"是一幅非重复印花的全景画，印在英国的传统壁纸上。该设计是根据植物的3D扫描创作的。

排料

侯赛因·查拉扬（Hussein Chalayan）在他的2007/2008秋冬系列中，尝试对成衣系列使用的织物进行扫描处理，从而创造出一种可表达编织纹路的错视效果。将这些纹理和图案数字化后，它们作为透明层被覆盖，并以几何形状布置在工程图样中，从而产生非同寻常的和谐感。

查拉扬的版画极具代表性，其迷人之处就在于他从最初的背景中删除了激发他灵感的东西，然后重建了一些新东西。下图是排料图，其中包含用于制作服装的印刷图案，右下方是时装秀上的服装。

定制印花

"定制"或"裁片定位印花"旨在准确地拟合服装的图案。拼装样板时，图像或重复设计会连续地围绕着服装的轮廓而不会被接缝打断。人们认为数字量身定制的服装更加昂贵，因为其生产成本高昂且花费时间多。特里斯坦·韦伯（Tristan Webber）、侯赛因·查拉扬、乔纳森·桑德斯（Jonathan Saunders）、巴索和布鲁克（Basso & Brooke）以及亚历山大·麦昆等设计师，在使用数字印花时都应用了定制印花技术。

数字工具可以更轻松地创建定制图样，因为数字印刷和数字服装可以整合在一起，对于时装和纺织品设计师而言，其应用前景非常令人振奋。设计师可以使用符合人体形态的几何设计来增强服装剪裁的塑型效果。工程印花也可以更巧妙地用于突出部位的元素，如袖口、衣领和紧身胸衣。

亚历山大·麦昆令人叹为观止的2010春夏系列拓展了数字印花所能应用的范围，他用漂亮的蛇和爬行动物印花巧妙地设计出令人惊叹的服装。

大规模和小规模定制

数字印刷非常适合创建限量版设计，这些设计可以根据个体客户的喜好进行定制。通过人体扫描以及基于扫描数据自动生成样片的软件，打印设计可以更简单而准确地应用于服装设计。

人体扫描仪以数字方式获得测量结果，以此创建一个虚拟的人体三维模型。这意味着在对客户进行测量时，不仅不再需要卷尺，而且与手工测量相比，可以减少测量的次数。伦敦的赛尔福里奇（Selfridges）和哈罗德（Harrods）等百货商店现在提供这项服务。

数字印刷不仅可用于一次性产品设计，还可用于大规模定制。耐克（Nike）等公司将互联网用作大规模定制的工具，允许客户选择某些选项，从而使他们能够个性化"构建"产品。但是，如果选择仅限于某些颜色和设计元素，则结果将不是唯一的。其他公司（如 Cloth）通过数字打印客户发送给他们的图像来构造独一无二的软体家居配件。

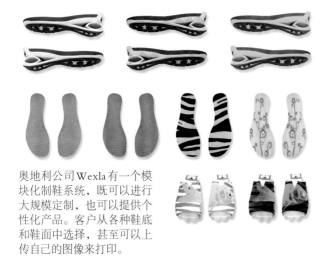

奥地利公司 Wexla 有一个模块化制鞋系统，既可以进行大规模定制，也可以提供个性化产品。客户从各种鞋底和鞋面中选择，甚至可以上传自己的图像来打印。

Cloth 设计的脚凳已根据客户提供的照片进行了个性化处理。

定制牛仔裤

2006/2007 年度的百年庆典中，伦敦时装学院的研究人员合作探讨了如何使用最先进的技术来制造独一无二的服装。他们想要设计一款合体数字印花牛仔裤。项目集合了 3D 人体扫描、自动图案生成、数字印刷和数字刺绣，探讨了使用该技术来简化数字印刷应用于服装的途径，并测试了跨接缝匹配图像的准确性。

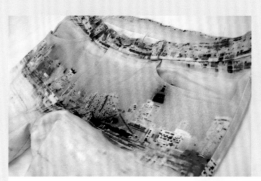

上图：印在牛仔裤上的曼哈顿天际线，由塞里·艾萨克（Ceri Isaac）拍摄。

右图：样板件的排料图。

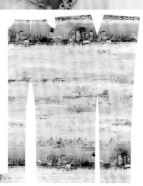

上图：专业软件使绣花区域能够与印刷设计相匹配。

左图：来自动画虚拟走秀。这种数字化的"试穿"软件意味着可以在完成设计之前，在虚拟人上试穿概念牛仔裤。

时装界的发展步伐非常快。保罗·史密斯（Paul Smith）等设计师所面临的压力不断增加，因为他们每个季节都要设计制作两个系列。独创性至关重要，新技术可以为产品系列带来创意，所以顶级设计师越来越被新技术所吸引。数字设计和印刷是实现快时尚的理想工具，因为其可以根据需要的数量在一天内交付成衣面料。

织物生产速度快，设计技术容易掌握，因此纺织品设计行业及其客户（时装和室内设计师）之间的差距不断缩小。西方历史上大多数印刷和装饰纺织品的制造都是由专业大师级工匠完成，他们的专业知识是通过多年的实践和学徒获得的。纺织和缝纫行业虽然完全相互依赖，但两者被视为独立的行业。为了迎合富裕客户的需求，一些设计师会依靠特殊的面料来实现他们的创意。但在大多数情况下，印花面料是从商人那里购买的，他们只会出售标准类型的布料。而数字印刷技术正在改变这种状况。

展望未来

如今，纺织品设计与时尚之间在一定程度的分离仍然是常态。当前的纺织品生产系统为廉价商品的大量消费服务，导致时装设计师与纺织品设计师之间的关系更加疏远。另外，可悲的是由于时装设计师通常比纺织品设计师具有更高的知名度，所以很少有人将纺织品设计师与使用过他们设计的时装设计师的名字并列。

在中高端市场，数字设计和印刷正在迅速缩小纺织品和时装之间的差距。数字纺织品印花技术正在迅速发展，并具有创造更高品质商品的潜力。值得期待的是，由于数字设计模糊了时装、纺织品和室内设计等专业之间的界限，因此消费者将更加看重质量而非数量，从而摒弃一次性时尚，减小其对环境的不利影响。

英国设计师侯赛因·查拉扬在他的许多作品中都使用了数字印花，取得了巨大的成就。自毕业时装发布会以来，当他开始尝试独立于身体运动的服装时，他的名字已成为数字印刷技术的代名词。

在他的 2007 春夏、2010/2011 春夏系列中，这件衣服的印刷并不完全是第一次出现。该设计源自查拉扬的一位助手在记录设计过程中拍摄的模特和麻布的照片。查拉扬和他的团队发现，从略超现实的图像中可以设计印花。

照片中的图形与背景分离开，在 Photoshop 中巧妙地重新着色，然后制成重复的花样，最后进行数字打印。从远处看，该印刷品类似于传统的花卉设计，但近距离观察时，则是完全不同的图案。这是数字印刷自然性的一个很好的例证。

打印到织物上的图像特写细节。数字印花快速而彻底转换了设计方法。

第二章
数字设计教程

介绍

Adobe Photoshop 和 Illustrator 共同为纺织品设计提供了一个完美的平台。基于位图的 Photoshop 可以使设计者自由编辑和处理图形和照片，而基于矢量的 Illustrator 可以创建准确的图形绘图和效果，如呈流线型的形状和清晰的几何图形。Photoshop 的编程方式是使图像由各个彩色像素的马赛克组成。除非用户将形状分开，否则软件本身不会自动识别。例如，显著放大的图案最终将失去其完整性并变得"像素化"，从而使细线出现锯齿。区域上的像素总数称为分辨率，这决定了图像的质量。

Illustrator 通过一系列点、线、曲线和形状创建图形图像，提供各种绘图工具来创建复杂的高质量图片和图形。创建图像后，可以无限缩放图像而不会降低图像质量。设计者既可以使用 Photoshop 或 Illustrator 之一进行设计，也可以同时使用两种工具。无论哪种方式，都能为纺织品设计提供理想的工具包。数字触控笔赋予计算机绘图的灵活性，使之更加类似于手工绘图。这些工具最初是为图像行业设计的，现在正引领纺织品设计师走上不同的创造途径，并为他们的设计提供新的思路。

从前，设计人员需要手工渲染他们的想法和设计，这十分耗时，但是在数字环境中，他们可以更高效地工作，从而有更多的时间进行实验和探索，充分发挥想象力。由于这些软件现在已成为纺织品设计师的标准工具，掌握并自如使用这些技能至关重要。只要有恒心，设计师就能凭直觉使用它们，使其与颜料和画笔一样重要。本章通过展示这些软件为纺织品设计师带来的丰富可能性，为读者提供灵感。针对已经掌握 Photoshop 和 Illustrator 基本知识的学生，本章将提供一系列针对纺织品设计相关特定技术循序渐进的引导，并对学生和老牌设计师的作品进行充分说明。本章首先介绍数字纺织品设计的基本技能和工具，包括研究绘图、扫描仪的使用、数字手写笔及其与摄影的结合。

杰米玛·格雷格森（Jemima Gregson）设计的作品"纽约，纽约"是在 Photoshop 中创建的，并以数字方式印刷在棉帆布上。

玛丽·奥康纳（Marie O'Connor）通过数字操作创造出波纹效果。

罗威娜·威尔科克斯（Rowenna Wilcox）"百合花"系列中的纸链衬衫颇具趣味。

克莱尔·索普（Claire Thorpe）的时装系列"芭蕾机械"（Ballet Mecanique）完全是用Illustrator设计的。她的灵感来自于Meccano玩具和Eduardo Paolozz的作品中的机械图案，她将其转换成图形模式。索普的设计证明了，清晰、简洁的线条可以实现实用基于矢量的程序。

入门

在进行数字化工作时，设计人员面临着各种各样的选择，并且很容易在单击按钮时在技术效果和滤镜之间进行选择。因此，在上机之前，进行全面挖掘和探索至关重要。

设计的起点可以有多种来源。它可能是你想要形象表达的高度个人化的想法或经验，或者是商业简报。无论它来自哪里，对这个主题的深入研究是必不可少的。这个过程可以带你踏上一段令人兴奋和刺激的旅程；它可以引导你探索在不同的历史时期，世界各地其他的文化或设计趋势；你甚至可以从其他创造性学科，如美术、文学、科学和音乐中获得灵感。一旦确定了主题，下一个阶段就是收集材料，以辅助设计。材料可以是任何东西，比如照片、草图和图纸、自然艺术品，重要的是不要低估所需材料的数量。设计工作现在已经成为一个非常复杂的混合体，混合了图形图像、绘画、摄影、图案、纹理和主题。研究越多，就会掌握越丰富的材料，想法和概念因而也会得到充分的发展。设计者可以围绕主题探索想法，收集任何与之相关的东西，并将材料收集到素描本中，从而追踪思想和初步研究的进展。这本素描本可以在整个设计过程中作为参考，也可以作为与同行讨论的基础。

在研究主题时，还需要牢记设计的背景，开展市场研究。从历史上看，纺织品设计一直与时尚（无论是服装还是室内设计）有着非常密切的关系，因此认识当代趋势至关重要。在这个以消费者为主导的社会中，买家一直追求新的外观，作为纺织品设计师，具备市场意识才能在这个竞争激烈的领域保持领先地位。

凯蒂·约瑟夫（Kitty Joseph）的"色彩沉浸"（Colour Immersion）系列受伦敦泰晤士河上的灯光戏法启发。

比阿特丽斯·莫伊斯（Beatrice Moys）通过构建木制图案为她的"积木"系列设计。

安贾莉·索萨（Anjali D'Souza）的埃及之旅是她"未来旅行者"系列的灵感来源。

凯瑟琳·弗雷尔·史密斯（Catherine Frere-Smith）的灵感来自传统的英国花园花卉和自然。

扫描

扫描收集完所有材料后，需要将其组装成可以数字化处理的形式。收集的许多物品或是二维形式的，如图纸和照片；也可能是三维的，如纽扣、纹理织物和饰边。所有这些元素都可以被扫描。

扫描仪是纺织品设计师最爱的工具，可帮助你以多种方式组装图像，能够让非数字元素进入数字空间。设计师通常天生就是有收集癖好的人，他们可以对收集到的真实物体和图像进行试验，将它们组合成具有触觉的设计，其设计作品高度个性化，幽默、迷人或古怪。

开始扫描之前，了解最终打印输出 [以每英寸点数（dpi）为单位] 非常重要，因为这将确定所需的分辨率。理想情况下，应该以与最终输出相同的 dpi 进行扫描，并希望在设计中使用扫描的尺寸进行扫描。对于纺织品设计师来说，最终的输出通常是印刷在织物或纸上的设计的集合——尺寸通常为 A3~A2。为了保证在此尺寸下获得高质量的图像，最好以 300 dpi 分辨率为扫描原作品。

如果将设计输出到一定长度的织物上，则需要多加注意。纺织品设计师通常会进行大规模的工作，并且可能会不经意地创建太大而无法管理的复杂文档。如果要进行重复工作，克服此问题的一种方法是只给打印机一个重复单元，然后，打印机将使用专业的重复程序在所需的任何长度的织物上进行单元填充。如果要将重复单元单独提供给打印机，文档大小尽量是可管理的，因为打印机通常会要求使用 200~300 dpi 分辨率的图片。

在对织物进行大规模裁片定位或定制印花设计时，需要格外小心，以在足够高的分辨率和可管理的文档大小之间保持平衡。如果发现最终的图片文档太大，计算机无法管理，设计者将不得不逐步降低图像的分辨率，同时评估输出的质量。

当扫描对象即将明显放大时，文件大小通常会变大。为了保持最佳的摄影质量，请以高分辨率扫描对象，便于在设计中以 100％ 的比例复制对象时，能以所需的分辨率输出。对面的盒子提供了一般规则，使你可以复制高质量的图像用于打印。

如果作品对于扫描仪而言太大，则可能需要将其带到专业机构，也可以扫描作品的各个部分，然后在 Photoshop 中将它们拼在一起，这很复杂，但是便宜。

扫描质量

从 A4 到 A2：

以 850 dpi 的分辨率扫描作品；作品的 A2 图稿将为 300 dpi 分辨率。

从 A4 到 A1：

以 600 dpi 的分辨率扫描作品；作品的 A1 图稿将为 300 dpi 分辨率。

从 A4 到 A0：

以 1300 dpi 的分辨率扫描作品；作品的 A0 图稿将为 300 dpi 分辨率。

关于版权的注意事项

扫描图像用于设计时，必须注意版权问题。版权是知识产权保护的一种形式，它适用于艺术家的原创作品，如绘画、插图、照片、地图和其他手工艺作品。扫描为设计提供了便利，有时可以用作复制和编辑作品的快速设计工具，但是必须注意：由于他人的作品可能受到版权保护，因此不应扫描。所以，请使用自己的材料来避免侵犯版权，或者确保使用没有版权的图像。

凯蒂·约瑟夫（Kitty Joseph）用手工彩色纸制作出精细而复杂的拼贴画，这需要时间和耐心。但是，一旦她扫描了拼贴画，就可以依靠高速计算机对作品进一步操作、构图、着色和编辑。图像保存后，她就可以自由尝试颜色和布局的变化，而不会破坏她的原始作品。

绘图

绘图、素描和标记制作一直是设计工作的坚实起点。在数字时代，它们可以确保作品原创性，使设计师不会丢失设计者独特的"笔迹"，因而更加重要。计算机能增强其效果。

你的作品创作始于一组漂亮的绘画。你可以使用Photoshop中的基本转换工具将它们缩放、组合、排列成一个设计集合。这仍然需要技巧来编辑和组装绘画，并且要细心地将它们合并，这样它们就不会看起来只是贴在一起了。如果你对 Photoshop 中的工具有透彻的了解，就能够选择用最佳的方法来选择图形或图案，从而保持画面的流畅感和艺术作品的精致感。可选的工具从魔杖工具（用于选择平面颜色）到更高级的工具，如蒙版工具（用于选择摄影）或钢笔工具（用于精确地绘制并裁剪一个区域）。

Hana Kitazaki 的设计系列"魔笛"通过数字印花完美展示其手工绘制精美图画的细节和色调。

为了复制原作的柔软和感性，罗西·麦克库拉克（Rosie McCur-rac）使用快速蒙版工具来选择图纸，她还用羽毛装饰边缘，使图像柔和地融合在一起。最后，她把设计印在丝绸上，这种织物使她能够保持其原始画作中的精致印记和混合效果。

维多利亚·珀弗（Victoria Purver）通过计算机自由地将绘画作品转移到织物上，并且画笔创造的绘画精美品质并不会丢失。她不必进行分色丝网印刷，只需要通过数字印花将它们直接转移到织物上。她希望将画转移到织物上这一方式能保持其给人带来感官上的愉悦感。

黛博拉·维西（Deborah
Vesey）将手绘与概念性方
法相结合，以保持其数字
作品系列的自然外观。

罗纳·威尔科克斯
（Rowenna Wilcox）
的"莉莲"系列根据
祖母最喜欢的装饰品
而设计。

布赖恩·巴雷特（Brian Barrett）的"古典／现代浪漫主义"纺织品系列的灵感来自古老的物品和古董，包括动物标本剥制术。他的着眼点在于收藏品如何珍藏回忆并创造新的情感寄托。巴雷特在传统的花卉重复图案中融入了自己的观点。初看时，它是无时间性而熟悉的。但是，巴雷特通过将非常规图像巧妙地编织到传统布局中，使该设计有了新的内涵和故事。他将古怪和熟悉的东西进行了有趣结合，通过在设计和印刷过程中混合新旧方法，为纺织品创造了新的外观。

亨利·穆勒（Henry Muller）为其男装系列"外表面"创造了一种编织效果，并以数字方式印刷在厚厚的画布上。

数位笔

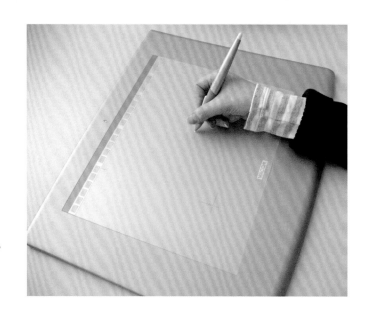

艺术家像使用传统工具一样，可利用计算机数字触控笔自由绘画和素描。设计者可以用笔直接在图形输入板上绘图，或在图像上描画，甚至在屏幕上绘图。熟练掌握后，数位笔将成为直观的绘图工具，可提供与传统笔或画笔相同的移动自由度和灵敏度。对于纺织品设计师来说，可用钢笔进行细致而感性的设计。因此，买一支好笔很有必要。压感手写笔还可以使线条更深，以更自然的方式进行绘制和渲染。在 Photoshop 中，甚至可以"利用"众多画笔，创建精细的水彩画、粗线画。在 Illustrator 中，笔在绘制时具有很高的灵活性和控制能力。

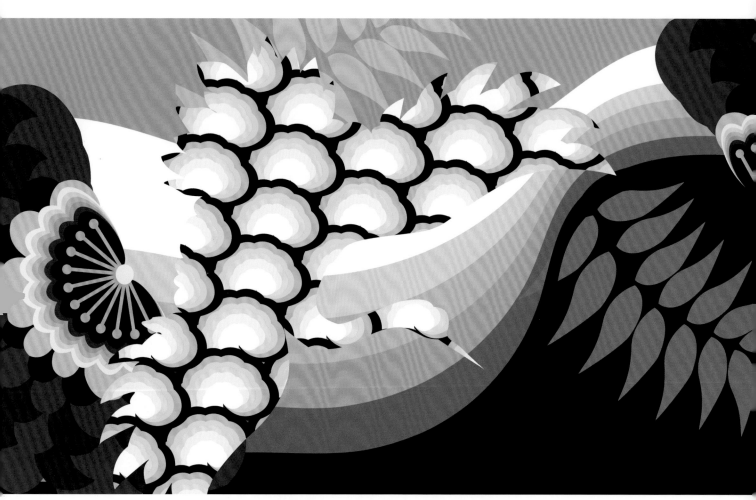

梅兰妮·鲍尔斯（Melanie Bowles）发现，使用触控笔可以为她提供在Illustrator中进行设计所需的精度。她在刺绣纺织品方面的背景不仅影响她的设计审美，而且影响她使用计算机辅助设计的方式。鲍尔斯发现她用触控笔可以达到与绣花针相同的灵巧性，实现之前刺绣作品中细密的针法。鲍尔斯使用钢笔绘制流线型的形状，绘制图案并将它们精密融合。她通过使用触控笔将已有的或绘制的图像呈现在屏幕上，创建了优雅的图形设计作品。这些设计印刷到丝绸上时，变得流畅而美感。

摄影

　　纺织品设计师通常是优秀的摄影师，他们注重细节、质地和颜色。因此，由于能够以数字方式打印高质量、高分辨率的照片，许多学生现在将摄影融入设计中，这不足为奇。对于纺织设计师来说，无论是直接用于设计工作还是用作研究和收集参考材料的手段，摄影都是非常有用的方式。在 Photoshop 或 Illustrator 中绘制和描出照片也很有用，这是勾勒图像轮廓的快速方法。

　　数字相机体积小巧，这意味着许多艺术家和设计师都可以像使用写生簿或日记本一样使用他们的相机，并能够建立图像档案，以便在需要时使用。使用这种方法可以避免版权问题，因此比从网络下载图像更可取。当然，该作品是独一无二的个人作品。

　　将图像导入 Photoshop 后，可以利用各种选项调整照片。

梅兰妮·鲍尔斯（Melanie Bowles）和凯瑟琳·朗特（Kathryn Round）给一件复古礼服拍了照片，并用数字技术将其打印在中国丝绸上，从而使它获得了第二次生命。

亚莉克莎·鲍尔（Alexa Ball）的女装系列"假日回忆"（Holiday Memories）以复杂的图案形式结合童年度假照片，实现了古怪的怀旧设计风格。

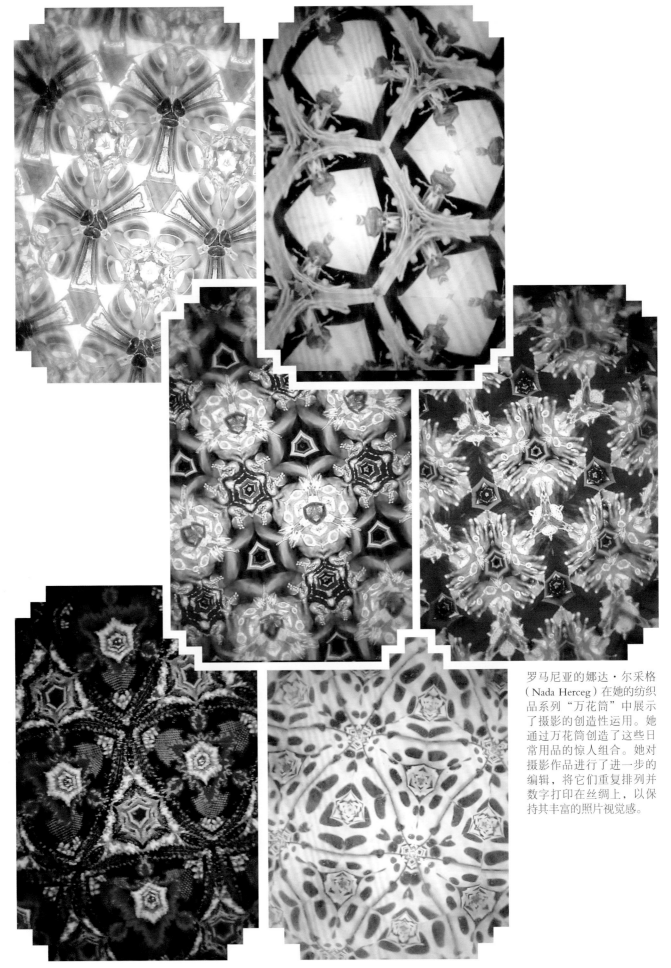

罗马尼亚的娜达·尔采格
（Nada Herceg）在她的纺织
品系列"万花筒"中展示
了摄影的创造性运用。她
通过万花筒创造了这些日
常用品的惊人组合。她对
摄影作品进行了进一步的
编辑，将它们重复排列并
数字打印在丝绸上，以保
持其丰富的照片视觉感。

艾玛·斯通（Emma Stone）使用摄影、扫描、绘画和拼贴技术的复杂组合来设计精美的个人纺织品。

数字化设计为插画家和设计师艾玛·斯通开辟了一个全新的领域，使她在幻想和超现实主义的世界中遨游。她的纺织品"回忆"系列基于感性的物品、回忆和家族收藏品而创作，旨在重塑被遗忘的物品。

Temitope Tijani 在 Photoshop
中玩起了家庭成员的漫画，
展示出将摄影融入设计的无
穷乐趣。

设计师德娅·阿巴提
（Deja Abati）受北极光
的启发，以数字方式创
造了令人惊叹的灯光效
果。他增加了褶皱，使
织物更具动感。

杰米玛·格雷格森
（Jemima Gregson）
爱好时尚，她将拍
摄的珍贵物品的照
片置于服装上。她
对照片进行数字化
处理，然后将其小
心地放置在服装的
特定部位，创造出
诙谐、迷人和性感
效果。

在 Photoshop 中使用滤镜

Photoshop 中有许多滤镜，滤镜风靡一时，滤镜可以使作品看起来很 "Photoshop" 风格，且熟悉。但是，如果将它们仔细地融入设计工作中，可以添加一些惊人的微妙效果。过度使用过滤器会使设计混乱，因此从一开始就应明确要实现的目标。可以将滤镜应用于整个图像或选定区域。下文仅是一些常用过滤器的示例。请使用 RGB 发光色彩模式图像，因为某些滤镜不适用于 CMYK 油墨印刷模式。

梅兰妮·鲍尔斯的"布罗克威尔玫瑰"是用当地公园中玫瑰花园的照片设计的。设计采用了跳接重复的方式。可以将滤镜应用于重复单元，从而彻底改变设计的传统外观。

拼贴

在这里，"抠图"滤镜用于为原始照片添加拼贴效果。当选择滤镜后，将打开一个对话框，提供多个选项。通过移动滑块进行尝试以获得所需的效果。在图像窗口的左下角，可以放大和缩小设计。

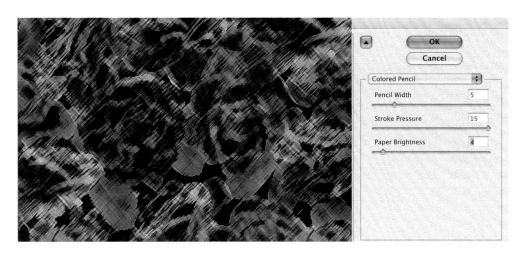

彩色铅笔

应用"艺术"滤镜中的"彩色铅笔"滤镜营造大胆、充满活力的绘制效果。更改铅笔宽度、笔触压力和纸张亮度会产生蜡染效果。

柔化

使用"模糊"滤镜，可以柔化设计的边缘。

复古

要营造复古效果，请尝试添加"纹理"（"滤镜"→"纹理"→"颗
粒"）。选择"纹理类型：水平"。

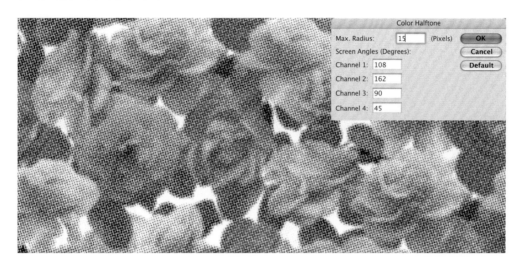

流行艺术

可在像素化滤镜中找到彩色半色调滤镜，并模拟在图像的每个通道
上使用半色调网屏的效果。在每个通道中，滤镜将图像划分为矩形，
并用点替换每个矩形。

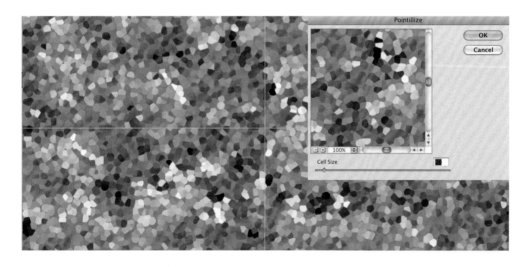

像素化

要对图像实施像素化并进一步分解，请转到"像素化"滤镜并选择
"斑点化"。

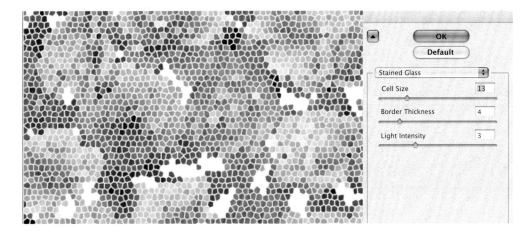

刺绣效果

"彩色玻璃"滤镜置于"纹理"滤镜中，将图像转换成细胞，以产生缝合效果。

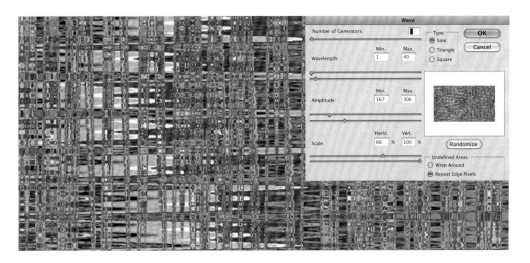

抽象扭曲

"扭曲"滤镜中有一种"波动"滤镜。它与其他扭曲过滤器一起可以提供多种选择，可将照片或图像抽象化或变形为具有流动性和移动性的即时纺织品设计。

丝印效果

使用"色调分离"命令（"图像"→"调整"→"色调分离"）将使照片具有即时丝网印刷效果。

创造复杂颜色混合

Emamoke Ukeleghe 的 "我的家庭相册" 系列抓住了她种族背景的精髓。这一灵感来自 20 世纪 80 年代中期她的家人从尼日利亚到英国的旅程。她根据童年的经历，为围巾和画板创建了一系列数字印刷品，彰显了新当代民族风。

Ukeleghe 用数字媒体取代了非洲纺织品中使用的传统手染蜡染技术。她通过使用 Illustrator，重新创建了简单的几何图形并将其融合在一起，创造出丰富的视觉体验和异域风情。 她的设计充满活力，令人兴奋，让人回想起民族纺织品，既保留了蜡染印花的特点，又具有现代感。

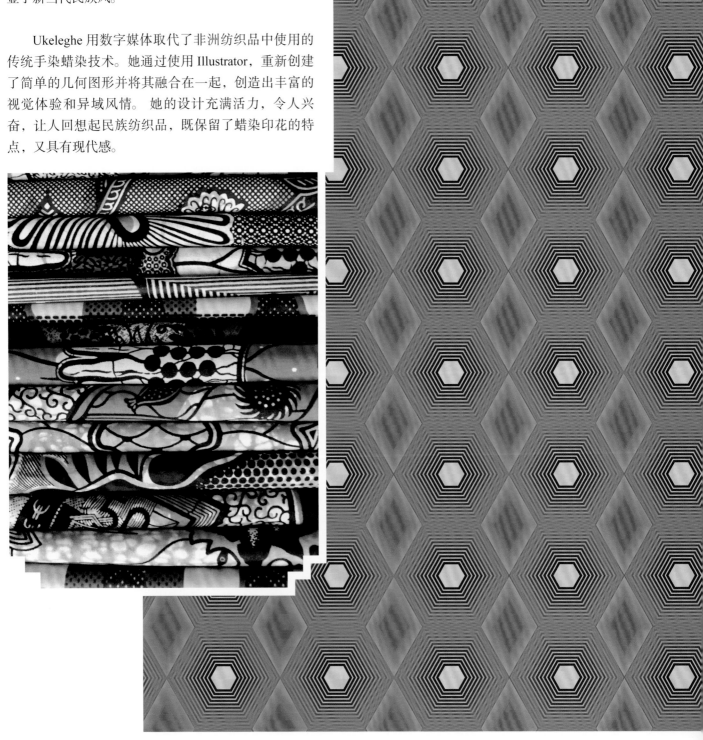

步骤 1

在 Illustrator 中，从"工具"面板中选择"多边形"工具。按住 Shift 键，单击并拖动以创建多边形。

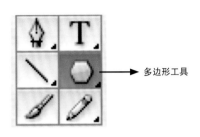 ⟶ 多边形工具

步骤 2

窗口→笔划。

用一个对比颜色的笔画（粗细：2 磅）。

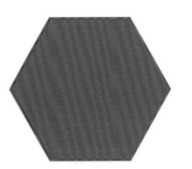

步骤 3

复制并粘贴多边形，然后将复制的多边形的比例更改为 25%。
对象→变换→缩放。
　　选择两个多边形。

步骤 4

窗口→对齐。

将出现"对齐"面板

垂直对齐中心　　　水平对齐中心

步骤 5

选择"垂直对齐中心"和"水平对齐中心"，将多边形居中。

步骤 6

对中心多边形应用新的填充和笔画颜色。

步骤 7

在工具栏中选择"混合"工具。双击以显示"混合选项"对话框。选择"指定步骤"，然后输入"10"。

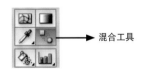 ⟶ 混合工具

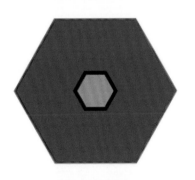

步骤 8

将"混合工具"放置在多边形的中间，将其拖动到外边缘，将出现混合效果。"混合工具"提供的选项能产生不同的效果，值得一试。

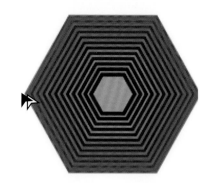

步骤 9

使用多边形创建图块。请转到"视图"菜单，然后选择"对齐点"和"智能参考线"，即可精确定位。将光标放在左侧锚点上，然后将其拖到右侧。

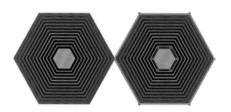

步骤 10

按住 Shift 和 Option/Alt 键，拖动平铺直到它卡入位并留下一个副本。光标停止指向后将变成白色。

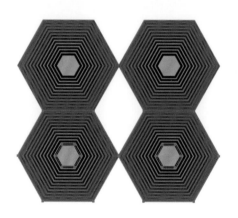

步骤 11

重复此操作设置四个多边形。

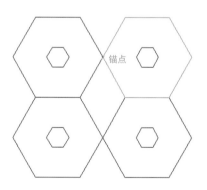

步骤 12

查看→大纲。

用"钢笔"工具，画一个中心菱形，点击锚点作为向导。

步骤 13

窗口→属性。

会出现一个对话框。选中菱形后，选择"显示中心"图标。这将显示钻石的中心。

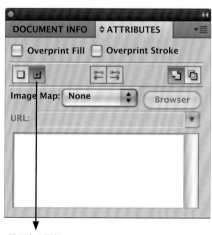

显示中心图标

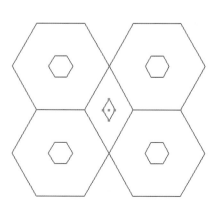

步骤 14

查看→大纲。

复制菱形，改变它的比例，并将它放在第一个菱形的中心。

步骤 15

用对比色填入并画两个菱形。

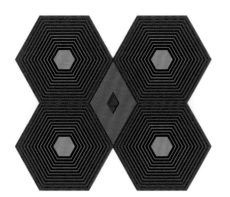

步骤 16

将混合效果应用于菱形。

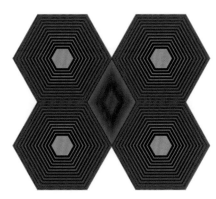

步骤 17

将设计单元在 Photoshop 中进行重复：
在 Illustrator 中选择设计单元。
编辑→复制。
在 Photoshop 中创建新文档。
编辑→粘贴。

步骤 18

出现一个对话框。
选择"粘贴为像素"选项，然后单击"确定"按钮。

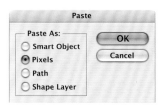

步骤 19

出现另一个对话框。
单击"放置"按钮。

步骤 20

查看→标尺→显示标尺。
查看→指南→显示指南。

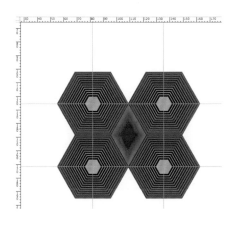

步骤 21

将水平和垂直参考线向下移动到所有四个多边形的中心点。

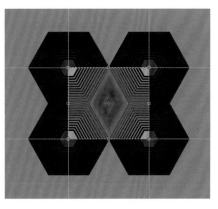

步骤 22

从工具面板中选择"裁剪工具"，并使用指南裁剪该单元。

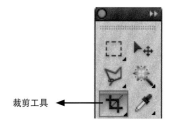

裁剪工具 ◀

步骤 23

选择→全部。

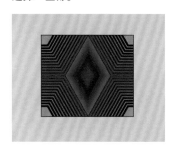

步骤 24

编辑→定义模式。
命名模式并按"确定"。

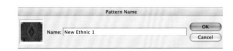

步骤 25

创建新文档。
编辑→填充→模式。

构建花卉图案

"制作鲜花" 是 Melanie Bowles 创作的一系列数字印刷作品。她通过 Illustrator 精准创建花卉图案。数字印刷使她的作品具有鲜明的现代感。

本教程展示在 Illustrator 中创建花朵的原理，方法是制作一个基本花瓣，然后将其复制并旋转以构建复杂的花朵。设计者可以从基本设计中构建华丽的图案。对于希望创建清新美观的花卉图案的纺织品设计师来说，Illustrator 提供了无限可能性。

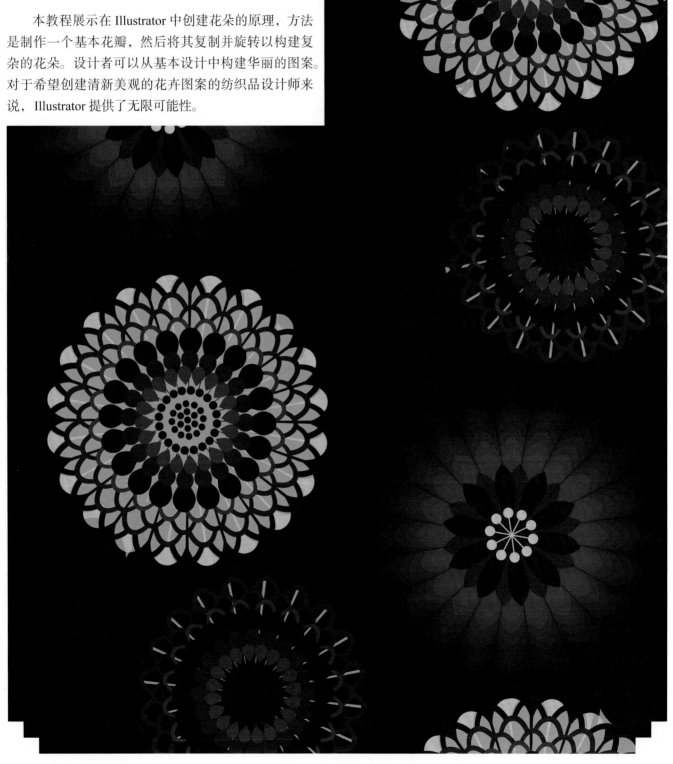

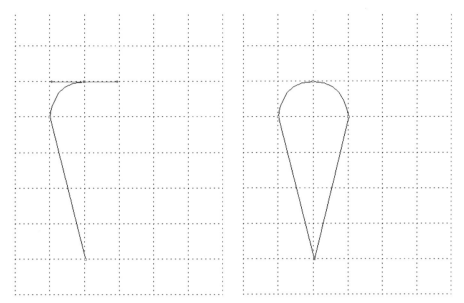

步骤 1

在 Illustrator 文档页面上显示网格，创建基本的花瓣形状。

查看→显示网格。

在"轮廓"模式下工作以创建花瓣。

查看→大纲。

使用钢笔工具创建花瓣形状。

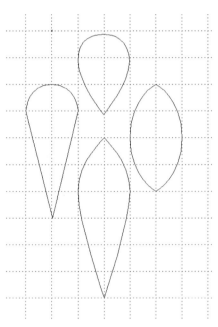

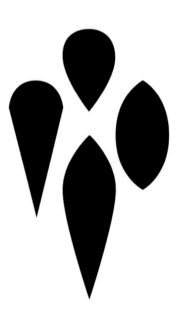

步骤 2

查看→预览。

用黑色填充形状。

选择一个花瓣。

编辑→复制。

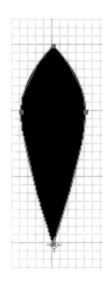

步骤 3

打开一个新文档，然后再次显示网格。

编辑→粘贴。

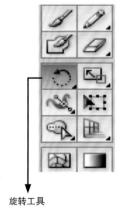

旋转工具

步骤 4

将其组装起来。

窗口→信息。

选中花瓣后，从"工具"面板中选择"旋转"工具，并将其放置在花瓣的底部。

按住 Option／Alt 键并旋转花瓣（在旋转时复制花瓣）。

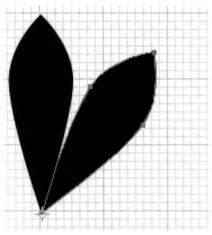

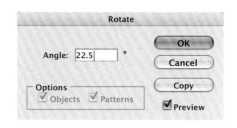

步骤 5

若要输入花瓣旋转的精确角度，旋转工具仍处于选中状态，请将参考点放置在花瓣底部。

按 Option/Alt 并单击，旋转对话框就会出现，输入一个 360° 分割角度，点击"复制"按钮，会出现第二个花瓣。

步骤 6

一旦正确放置了第二个花瓣，就可以放置第三个、第四个……花瓣，完成整朵花。

按 Command + D，此键盘快捷键将重复最后一个命令。

完成整朵花。将花瓣分别组合在一起。

对象→组。

步骤 7

应用颜色填充。通过改变每份副本的比例和颜色，多次复制和粘贴构建成花朵。

步骤 8

窗口→对齐。

选择"垂直对齐中心"和"水平对齐中心"。

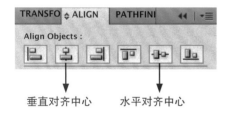

步骤 9

使用"旋转"工具旋转花朵。

改变花瓣的透明度，营造纵深感。

最后，将完成的花朵分组。

对象→组。

步骤 10

在雄蕊上画一条线和一个圆。
对象→组。
使用与花瓣相同的方法复制并旋转雄蕊。

步骤 11

花朵已完成。
对象→组。

步骤 12

通过选择不同颜色和尺寸的花瓣，使用相同的技术可创建更多的花朵。

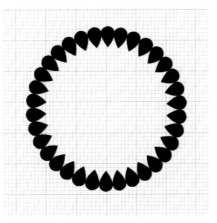

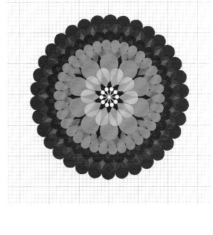

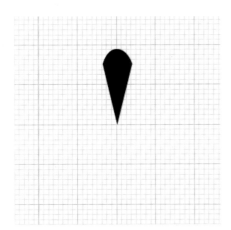

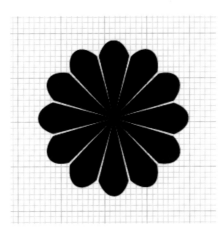

十字绣效果

蕾尔·索普（Lare Thorpe）在 Illustrator 中尝
试了这种有效的技术，即使不碰针，也可以用十字
绣填充图案。

本教程演示如何根据选择的图案创建十字绣。

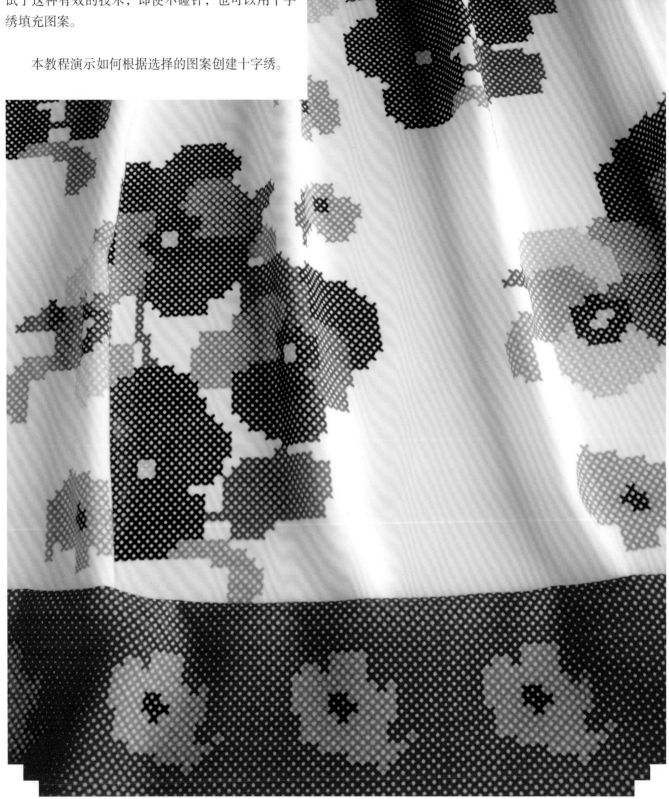

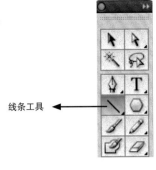

步骤 1

在 Illustrator 中，从"工具"面板中选择"线"工具。

单击并拖动时，按住 Shift 键可绘制 45° 的线条。

线条工具 ◀────

步骤 2

返回屏幕顶部的选项栏。单击宽度和高度之间的链接图标。

输入"0.2cm（0.08 英寸）"。

步骤 3

返回"笔画"面板，然后输入"粗细：2 磅"。

选择"帽：圆帽"和"角：圆角连接"。

圆帽 ◀────

圆角连接 ◀────

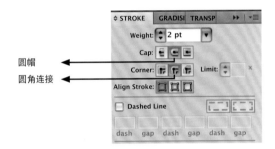

步骤 4

选择十字架。双击"工具"面板中的"反射"工具以打开"反射"对话框。

选择"垂直"，然后输入"90° 角"。

单击"复制"按钮。

选择两条线。

对象→组。

反射工具 ◀────

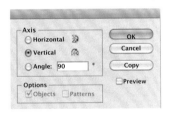

步骤 5

按返回键打开移动对话框。在垂直面中输入"-0.27cm(-0.11 英寸)"。测量点从十字中心到重复十字中心。（此处是 -0.27cm。十字越大，重复十字的尺寸就会越大，这取决于希望它们之间的间隙。）点击"复制"，第二个十字就会出现。

重复按 Command+D，绘出一条竖直的十字线。

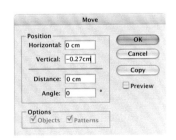

步骤 6

选择十字的垂直线。按回车键以显示"移动"对话框。在"水平"字段中输入 0.27cm（0.11英寸），然后单击"复制"按钮。

反复按 Command + D，以建立水平的十字架行。

十字绣网格现已完成。

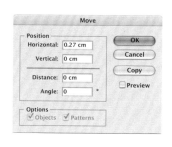

步骤 7

创建一个新的图层，并将其置于缝合网格下。选择一个图案。

文件→位置。

回到缝合网格层。

选择→全部。

把笔画涂成灰色。

降低不透明度以显示图案模板。

步骤 8

仔细为单个针迹上色并创建图案（按住 Shift 键选择针迹组）。上色后，选择所有针迹并将不透明度提高到正常水平。

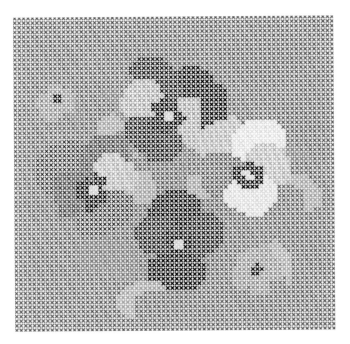

步骤9

选择一种网格针迹。

选择→相同→针迹颜色。

选择该颜色的所有针迹。可以
用这种方法为设计重新着色或
删除所需的针迹。

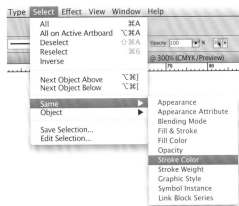

定制印花

　　"杰米玛的世界" 时装系列是杰米玛·格雷格森（Jemima Gregson）出于对古装珠宝的热爱而设计，极具启发性。杰米玛将珠宝照片放到 Photoshop 的服装造型设计中，创造了令人惊叹的错视效果，这表明数字印花可以实现卓越的摄影品质。她使用 Mimaki TX2 将服装造型数字印刷在丝绸上，然后制成衣服。

　　本教程演示使用 Photoshop 将定制图案打印到服装造型的过程。

步骤 1

从衣片的正面开始以分辨率为 300 dpi 对图案样片进行扫描。扫描时必须将衣片分部位进行操作。扫描完成后，将这些部位一起粘贴到 Photoshop 中。

步骤 2

将前衣片的肩线与领口部位移动到画面顶部，并将衣片图重新定位到画布上。

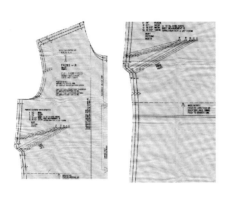

步骤 3

图像→画布大小。
在"画布大小"对话框中，更改"宽度"和"高度"值，使其粘贴到衣片的底部。完成此操作后，请平整前衣片图。
图层→展平图像。

步骤 4

增加画布大小以适应整个服装造型。
图像→画布大小。
将宽度更改为 200%。
单击"确定"按钮。

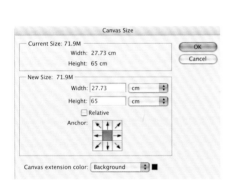

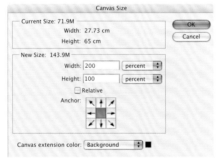

步骤 5

使用选框工具选择前衣片。将前衣片进行复制并粘贴。
编辑→变换→水平翻转。
将两片前衣片拼在一起，使它们对称。
展平图像。

步骤 6

选择"钢笔"工具，会出现"钢笔"工具选项栏。在工具栏中选择以黑色作为前景色的"填充"选项。

钢笔工具

填充选项

钢笔工具选项栏

步骤 7

使用"钢笔"工具在前身衣片周围仔细描绘，创建一系列锚点。使用"转换点"工具（在"笔"工具菜单中）在领圈和袖窿周围创建曲线。该操作可能需要花费一些时间并通过实践，才能获得满意结果。

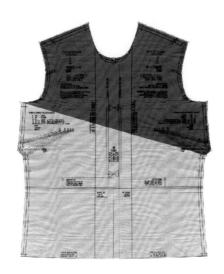

步骤 8

使用"钢笔"工具时，前身衣片图层将出现在"图层"面板中。更改此图层的不透明度以显示前身衣片形状，这时就可以在其上进行描绘。

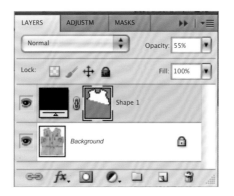

步骤 9

继续使用"钢笔"工具在前身衣片周围进行绘制，直到完成。使用"钢笔"工具时，将创建一个新路径。转到"路径"面板以查看新路径。单击右上角的菜单按钮以显示下拉菜单。保存新路径后就可以随时对其进行编辑或选择。

步骤 10

绘制后身衣片，绘制方法同于前身衣片。

步骤 11

给使用黑色材料覆盖的人体模型戴上选择的珠宝首饰。使用数字相机和演播室照明，以尽可能高的分辨率拍摄样品，这样可以在不影响质量的前提下以最大尺寸拍摄图像。

步骤 12

你还可以在黑色背景下拍摄更多的珠宝照片，并添加到珠宝样品中。

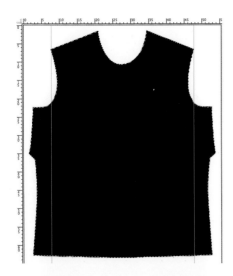

步骤 13

打开前身衣片。绘制路径后，需要选择路径，将珠宝粘贴到图案片中。

步骤 14

在"路径"面板上，突出显示路径，然后单击面板底部的路径选择图标。
这将创建一个选择以粘贴前身衣片的珠宝。

路径选择图标

步骤 15

打开人体模型照片。
可以调亮珠宝。
图像→调整→亮度/对比度。
更改滑块调整色调范围，直到对效果满意为止。
选择→全部。
编辑→复制。

步骤 16

打开前身衣片图。
选择前身衣片。
编辑→选择性粘贴→粘贴到。
选中新的粘贴层后，选择"移动"工具，并将珠宝放置到前身衣片合适的位置。
缩放从而和衣片匹配。
编辑→变换→缩放。

步骤 17

使用"图层"面板下拉菜单中的"合并可见"命令，合并前身衣片图层和珠宝图层。

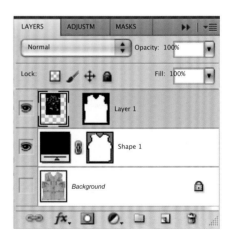

步骤 18

使用"复制"工具，仔细复制珍珠项链，使其沿领口均匀分布。

步骤 19

打开其他珠宝照片，使用"套索"工具选择需要的珠宝照片。

编辑→复制。

步骤 20

回到前身衣片图，将选中的新珠宝粘贴在前身衣片图上。

编辑→粘贴。

合并新图层。

降低珠宝层的不透明度，使其露出下面的图案。

继续添加更多图像以完成设计。

步骤 21

完成前身衣片图后，使用相同的方法完成后身衣片和袖隆。全部完成后，平整图层。打开一个宽度为140cm（55英寸），此为数字打印机上的织物宽度）、高度为150cm（59英寸）的文档。将分辨率设置为200 dpi。打开全部衣片图。

选择→全部。

编辑→复制。

转到新的织物长度文档，然后将衣片图粘贴在上面。

编辑→粘贴。

粘贴所有衣片并将它们排列在最终文档中。

步骤 22

放置好衣片图后，平铺图层，就可以准备打印文档了。

顺序效果

　　"爱情需要等待"是田纳西州的凯蒂·欧文·琼斯（Katie Irving Jones）创作的时装系列，能激发怀旧眷念之情。凯蒂融入其设计的怀旧传家宝是这一系列的灵感来源。她使用 Photoshop，用数字技术重新制作了复古的点缀。

　　本教程演示了如何创建亮片图案。该技术可应用于其他设计。

步骤 1

以 300 dpi 的分辨率扫描亮片图案，然后在 Photoshop 中打开。

选择→图像→调整→色阶。

通过移动对话框中的滑块来调整阴影和高光。

步骤 2

在亮片的角上添加一个镜头光晕效果，使其更加闪烁。

滤镜→渲染→镜头光晕。

步骤 3

使用"魔术棒"工具选择亮片。将选项栏中的"公差"设置为 30，然后选择亮片周围的区域。

编辑→剪切。

切掉背景。使用"选取框"工具选择亮片。

编辑→定义画笔。

命名亮片，然后按"确定"。

步骤 4

绘制心形和有横幅图形的图案，并将其扫描到 Photoshop 中。创建一个新图层。

选择新的亮片画笔。

在"画笔选项"面板中，将"不透明度"更改为 93%，将"大小"更改为 70 像素。

步骤 5

选择黑色作为画笔颜色，围绕心形图轮廓用黑色亮片压上"印记"，方法是逐一单击。

步骤 6

在该层上添加一个阴影使其具有三维效果。单击图层面板底部的图层风格图标。

图层风格图标

步骤 7

在"图层样式"菜单中，选择"投影"。将出现一个对话框。
更改"不透明度"和"距离"值即可创造柔和阴影效果。

步骤 8

创建一个新图层。
选择亮片画笔，然后选择深红色。
如图所示，在心形图案内部印上亮片。

步骤 9

创建一个新图层。
用亮红色的亮片画笔填充心形图案的其余部分。
你现在应该有四个图层。
关闭"背景"层并合并可见层。

线条工具选项栏

步骤 10

接下来，创建针缝固定每个亮片，以营造手工缝制效果。这是一个相当耗时的过程，但仍然比实际缝纫快得多！
从"工具"面板中选择"线"工具。
务必在"线条"工具选项栏中选择"填充"选项。

步骤 11

线条工具选项栏出现在屏幕顶部。在"粗细"框中，输入"3 px"。选择针迹的颜色。
在单独的图层上绘制每个针迹，可略微不规则，以达到真正的手工缝制效果。
至此，亮片图已完成。用白色填充背景层并修饰图像。
图层→展平图像。

填充选项

步骤 12

接下来,你需要创建"LOVE"字母。
将你选择的字体扫描到 Photoshop 中。

步骤 13

使用与以前相同的技术,改变亮片画笔的
粗细,在字母周围贴上亮片。

步骤 14

刻字完成后,请平整图层并使用"选取框"
工具将其切出。
编辑→复制。
打开心形图案。
编辑→粘贴。
使用"变形"工具定位并调整字母以适应
横幅图形形状。

步骤 15

最后,为心形图案增加高光效果。
滤镜→渲染→镜头光晕。

步骤 16

通过台式喷墨打印机将心形图案打印到
不透明的转印 T 恤纸上。小心地切出图案,
然后用熨斗或热压机将其压在织物上。

摄影蒙太奇

摄影蒙太奇是将摄影元素组合在一起以创建新构图的技术。Photoshop 的使用能够更好、更容易地实现蒙太奇效果。将插图、图形和摄影结合起来创建复杂的设计已成为趋势。

照片蒙太奇效果的优劣取决于主题以及是否拥有一系列有视觉冲击力的照片。一旦有了这些素材，就需要从中选择元素并开始设置新的配置。你需要使用更高级的选择工具来获得最佳的边缘质量效果。选择照片区域最有效的工具是快速蒙版工具。可以通过喷枪进行选择，实现边缘的柔化。使用触控笔最容易控制此工具。

步骤 1

在 Photoshop 中打开原图像（确保图像的格式为 RGB，后续的操作应用过滤器）。单击"工具面板"底部的"快速蒙版"图标。

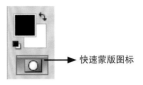

→ 快速蒙版图标

步骤 2

选择软喷枪（使用"画笔"工具选项栏），在要遮罩的图像上绘画。若更改版的颜色和透明度，请双击"快速蒙版"图标以打开"快速蒙版选项"。

画笔工具选项栏

步骤 3

将前景色切换为白色，使用"蒙版橡皮擦"工具。选择一个小的软刷，清洁蒙版的边缘。

前景色

步骤 4

单击"快速蒙版"图标退出"快速蒙版"。选择遮罩之外的区域。

步骤 5

选择三色堇。
选择→反转。

步骤 6

打开一个新文件。
编辑→复制。
编辑→粘贴。

步骤 7

应用相同的"快速蒙版"程序从照片中选择其他花朵，制作小花环。复制并粘贴所需花朵，然后使用"移动"工具将它们排列组合成一个花环。

步骤 8

关闭背景层并合并可见层。

步骤 9

要实现拼贴效果，请应用"抠图"滤镜。
过滤器→艺术家→抠图。
你可以尝试不同实践，直到对结果满意为止。

步骤 10

打开大小为1cm x 1cm（0.4英寸 x 0.4英寸）的新文档并创建一个点。

步骤 11

定义→模式。
命名斑点图案，然后按"确定"。

步骤 12

选择背景图层。
编辑→填充→模式。
找到位置。

步骤 13

最后，扫描另一幅图像，复制并粘贴到设计中心。

要创建成功的蒙太奇设计需要精心摄影和选择区域。黛西·巴特勒（Daisy Butler）的这组照片构成了她设计的基本要素。这些照片分辨率较高，均为300 dpi。

建立画笔调色板

"画笔"面板是 Photoshop 中最常用的纺织品设计工具之一。设计中可以用任何标记或图案创建自定义画笔，然后用它自由绘画。使用自定义画笔后，就可以立刻创建设计作品。画笔作为一个有用的工具，可以添加自己的元素到设计中。

韩裔服装设计师洪延云设计的这套异想天开的纺织品系列，灵感来自她儿时对花园的回忆。她的设计主要是用 Photoshop 中的画笔绘制的。

Photoshop 中的"画笔"面板提供了与绘画相同的流动性和自然性。画板与洪延云的古怪画风珠联璧合，为她的作品增添了一种神奇色彩。这里所示的设计是由 23 个在 Photoshop 中生成的画笔组成的。她对画笔进行分层，改变画笔的比例，通过旋转和分散，创造了一个丰富而复杂的设计组合。这个设计保持了她绘画作品的情感。

本教程演示了画笔的使用方法，也展示了设计中创建一个基本跳接的方法。

步骤 1

首先，创建将用于进行设计的一系列画笔。可以选择在 Illustrator 中绘制的图形或扫描到 Photoshop 中的图形作为每个画笔的图案。无论采用哪种方式，最好是将初始图案设置为黑色，以便在定制时最大限度地进行定义。如果完全遵循本教程，可以扫描输入此处的图案。

步骤 2

在 Photoshop 中，使用"魔术棒"工具选择图案（本例为蝴蝶）。

步骤 3

编辑→定义画笔预设。
命名画笔，然后按"确定"。新画笔将保存在"画笔"面板中。以相同的方式创建一系列画笔。

步骤 4

打开"画笔"面板。
窗口→画笔。
在此面板中，编辑画笔的选择很多。可以通过调整各种滑块来选择，也可尝试使用这些选项，查看可以实现的效果。

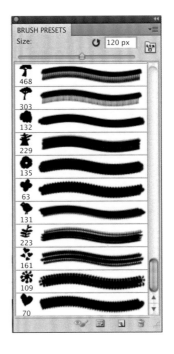

步骤 5

打开一个新文档和一个新图层。使用树干画笔（或你自己的画笔），选择一种颜色和大小，并通过单击绘制树干。
打开另一个新图层。可以尝试一些效果，删除并重新制作图层，直到满意为止。

步骤 6

从"画笔"面板中选择叶子画笔，选择"形状动态参数"。更改"大小抖动"和"角度抖动"。

步骤 7

选择"散射"选项。调整分散、计数和计数抖动。

大小抖动 →

形状动态参数 →

角度抖动 →

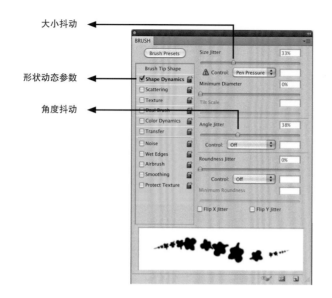

步骤 8

选择"色彩动态参数"。在"工具"面板中选择前景色和背景色。在"色彩动态参数"对话框中调整滑块。

最后，通过单击"色彩动态参数"并移动"不透明度"滑块来确定不透明度。叶子画笔已完成，开始散开叶子了。

前景色

背景色

步骤 9

继续散开叶子，完成树的绘制。
用颜色填充背景层。

步骤 10

创建一个新图层，然后选择"下茎画笔"。选择"形状动态参数"选项，然后稍微更改"角度抖动"。绘制花梗，并根据需要改变数值。

步骤 11

为花朵创建一个新图层。同样，更改前景色和背景色以更改"颜色动态"选项中的颜色效果。

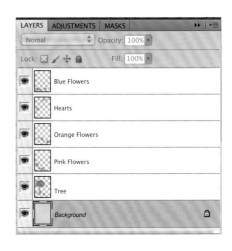

步骤 12

在树周围铺满花朵。

步骤 13

创建一个新图层，在树周围分散一些心形图案。

步骤 14

设计已接近完成，它有多个图层。关闭背景层并平整可见层。现在应有两个图层：背景层和设计层。用新名称保存图像的副本。

步骤 15

创建另一个新图层并将其置于设计层下。添加其他图案，填满空间。任何图案都不要越过设计的边缘。

步骤 16

返回到背景图层并根据需要更改颜色。最后，展平图像。
图层→展平图像。

步骤 17

下一步是将设计进行简单的跳接重复。
选择→全部。
编辑→复制。

步骤 18

过滤器→其他→偏移。
移动"垂直"滑块将图像切成两半。(务必选择环绕。)

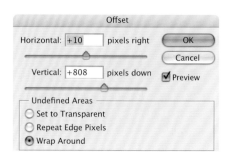

步骤 19

返回到"工具"面板，并确保背景色与设计背景色相同。

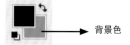

步骤 20

图像→画布大小。
突出显示"锚点"网格左侧的中间框。
将宽度更改为200％。

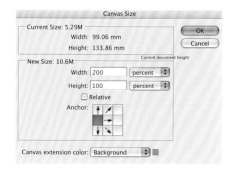

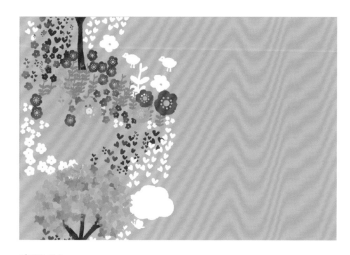

步骤 21

查看→对齐到→全部。

步骤 22

编辑→粘贴。
将你的设计定位。展平图层。

步骤 23

至此，已完成跳接重复。如果要更改单位尺寸，请返回到图像→图像尺寸。

步骤 24

选择→全部。
编辑→定义图案。
命名图案，然后按"确定"。

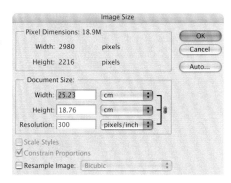

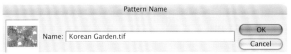

纹理效果

克莱尔•特纳（Claire Turner）的系列作品，把丝网印刷和数字
印花以一种奇特的方式组合起来。她将数字摄影与有趣的即兴画
相结合。草木印花连衣裙（右上图）就是整体纹理印花的一个例
子，具有影印效果。此技术也适用于创建可以在连衣裙上应用图
像或图案的背景。

步骤 1

若要创建纹理重复的草丛，请拍摄高质量的草丛照片并将其在 Photoshop 中打开。

步骤 2

使用"选取框"工具，选择图像的一部分。

图片→裁剪。
图像→图像大小。
确定图像的像素大小。

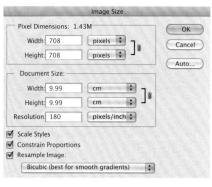

步骤 3

过滤器→其他→偏移。
在"偏移"对话框中，将"水平"和"垂直"像素图像大小除以 2，然后输入新值。

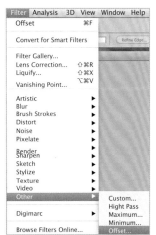

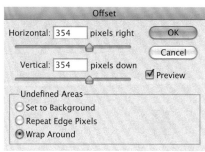

步骤 4

图像将被切成四部分并翻转。图像复制，会出现一个接缝。

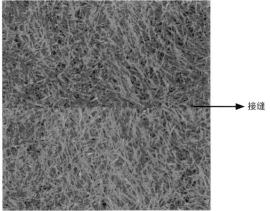

接缝

步骤 5

可以使用"内容感知填充"修复复制部分之间的接缝。复制图像另一部分的数据并进行颜色匹配，填充到选定区域中。
从工具栏中选择"套索"工具，然后选择接缝区域。
编辑→填充→内容感知。
单击"确定"按钮。
重复此过程，直到完全修补接缝。

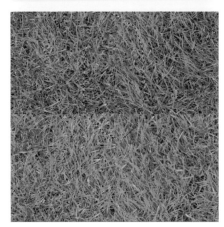

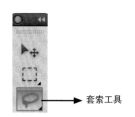

套索工具

步骤 6

"内容感知填充"是一种快速简便的方法，可以修补重复片段之间的接缝，也可以使用"复制"工具来修补单个区域。"复制"工具使用"画笔"将一个区域复制到另一区域。

选择"复制"工具，然后选择画笔、尺寸和不透明度——喷枪将提供更柔和、更包容的效果。选择要的区域，然后按 Alt / Option 键设置复制目标点。将"复制"工具移到接缝上，然后开始修补接缝。

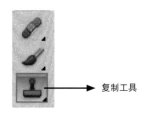 ← 复制工具

步骤 7

你若对缝补感到满意，就可以将其重复。此时，可以更改单位大小。

图像→图像大小。

将度量单位更改为百分比，然后根据需要进行调整。

步骤 8

编辑→定义图案。

为设计的图案命名，然后按"确定"。

步骤 9

打开一个新文件。

编辑→填充。

选择"模式"，然后在自定义模式下找到设计图案。

检查设计的图案重复处是否有明显的接缝或斑纹。若有，可以返回原始图案进行修改，然后重新制作图案，直到满意为止。

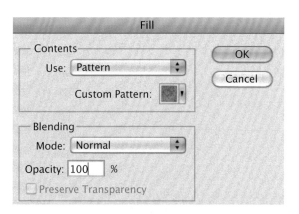

创建完美重复

重复一段织纹设计的目标是建立连续的图案，图案不应该有明显的断裂，如果出现断裂会使设计看起来很尴尬。经过几次尝试，应该完全有可能创建衔接处没有明显的接缝，除非刻意仔细寻找衔接。重复节奏和平衡是完美重复的关键。

右边的照片是创建重复的第一步。将仅包含贝壳的最大区域裁切并跳接重复的图案（参照本书第96页）。半滴是掩饰纹理重复接缝的最佳方法。创建重复过程中，使用"复制"工具混合接缝。

检查重复是否完美，最好方法是减小文件并尽可能大地平铺（至少上下两个单位），然后退后一步，看看是否有意外的图案出现。

拙劣重复

这是一个失败的示例。某些元素，如沙子碎屑和较大白色贝壳的对接线显得过于突兀。避免这种情况的方法是将突兀的元素分散开，不让它们对齐，使视线关注整个设计作品，而不是将注意力集中在孤立的元素上。

成功重复

在成功重复的示例中，仔细选择了一些相同的贝壳，将它们复制并重新放置在设计单元周围，最后将其融合到背景中，因此它们分布更均匀，有些也进行了旋转，貌似不同的图案。

创建色彩调色板

色彩是成功的纺织品设计最重要的元素之一。设计师必须是自信的色彩师。纺织品设计师通常必须在考虑季节的情况下进行设计并遵循流行颜色预测。建立调色板的灵感来源五花八门。

设计师安德里亚·帕特森（Andrea Patterson）冬季女装系列的灵感来源是百老汇音乐剧《西边故事》。音乐剧的故事发生在纽约，围绕着不同种族和文化背景的竞争少年群体展开。肮脏的城市生活中的都市色调与珠宝的亮光交织在一起，为设计师提供了丰富的调色板。她希望自己的设计能够唤起和电影一样的心情、氛围、张力和激情。

本教程介绍如何从照片中提取调色板，创建几何图案以及如何应用着色效果和滤镜以营造情绪和氛围。

步骤 1

在 Illustrator 中打开照片。

选择→全部。

对象→创建镶嵌对象。

步骤 2

将出现一个对话框，选择想要垂直和水平放置多少个图块。在此示例中，已选择水平放置25个图块。

贴片将被分组；你需要取消组合。

对象→取消组合。

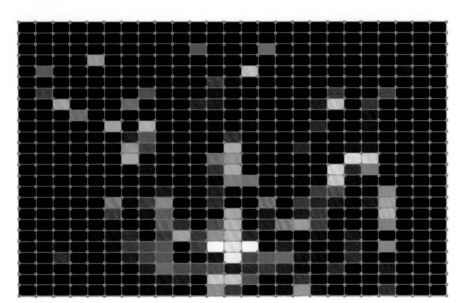

步骤 3

从镶嵌图中选择一系列代表你喜欢的颜色组合图块。

编辑→复制。

编辑→粘贴。

选择单个拼贴，然后使用"滴管"工具在马赛克上移动并选择和拖放颜色以创建调色板。你也可以在镶嵌图中一起使用组合。

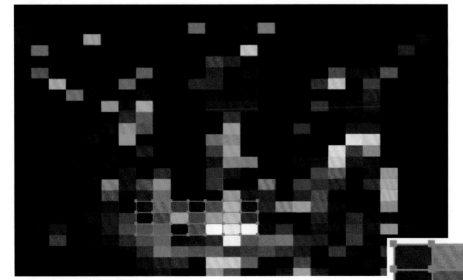

步骤 4

设计师基于马赛克创建了两个单独的调色板，以表达她想要唤起的情绪。若要创建新的调色板，请打开"色板"面板（如果尚未显示）。

窗口→色板。

从"色板"面板中删除颜色。突出显示设计者选择颜色中的单个图块，然后单击面板底部的"新建色板"图标以创建新的色板。

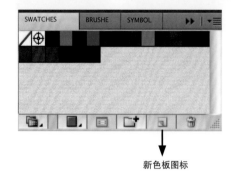

新色板图标

步骤 5

单击"色板"面板右上角的菜单按钮显示下拉菜单。向下滚动将色卡库另存为AI格式。为新色板命名。保存该文件，就可以随时从色卡库访问它。

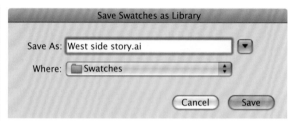

步骤 6

打开"色板"面板，然后在"色板库"中找到保存的调色板。

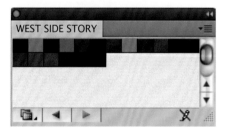

步骤 7

打开一个新文档。

查看→显示网格。
查看→对齐网格。
查看→智能指南。

以网格为指导，绘制一个立方体。将点对齐网格。

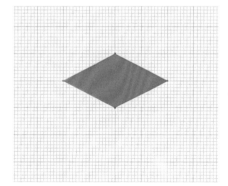

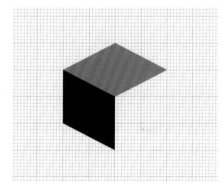

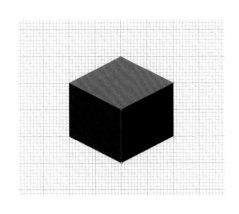

步骤 8

多维数据集完成后，选择整个多维数据集。
对象→组。
在"视图"菜单中，取消选择"网格线对齐"，选择"点对齐"。

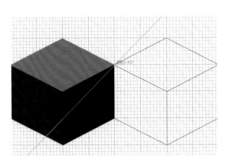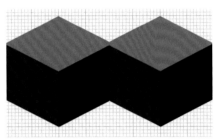

步骤 9

选择多维数据集，将"选择"工具直接放置在最左侧的锚点上。按住 Shift 键和 Option/ Alt 键，然后拖动并复制第一个多维数据集，直到它在多维数据集的右锚点上卡入到位并留下副本为止。当双箭头变白时，它已经指向目标。

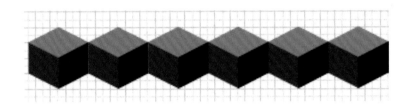

步骤 10

按 Command + D 重复上一个命令并复制多维数据集。
建立一行立方体。

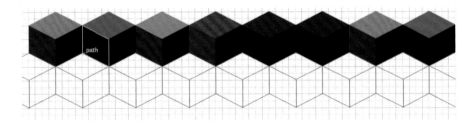

步骤 11

立方体排成一行后，取消多维数据集的分组，以便可以使用调色板为各个侧面着色。
对象→取消组合。
行着色时，重新组合多维数据集。
选择→全部。
对象→组。

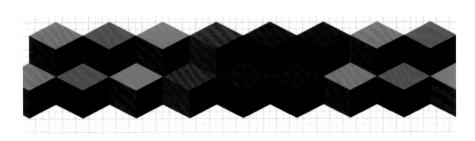

步骤 12

选择该行立方体，并像以前一样按住 Shift 和 Option / Alt 键，复制整行。重复操作，直到建立一个多维数据集单位。

步骤13

使用"剪贴蒙版"整理设计的边缘。使用矩形工具，在设计上绘制一个矩形（无笔触或填充）。

选择→全部。

对象→剪贴蒙版>制作。

保存设计。将其导出为TIFF文件。

文件→导出。

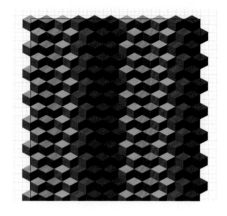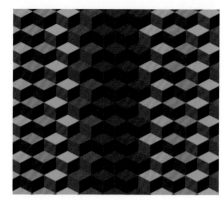

增加滤镜和效果

在 Photoshop 中可以使用许多效果和滤镜，但是安德里亚希望保持音乐剧的色彩和能量。最初，音乐剧给了她启发。她的目标是使设计具有舞蹈场景所唤起的动感和节奏感。

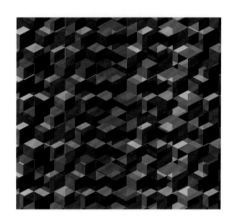

透明叠加

步骤1

在 Photoshop 中打开设计，然后重复两次矩形图层。

图层→复制图层。

选择第二层。

编辑→变换→缩放。

放大图层。在"图层"面板中更改"不透明度"以显示下面的图层。使用"移动"工具，略微移动图层，显示下面的图层。

步骤2

在仍选中该层的情况下，单击"层"面板左上方的下拉菜单以显示"混合模式"。

在第3层上，应用"色相"混合色以增强颜色。在"图层"面板中尝试"不透明度"，以增强透明度和移动效果。

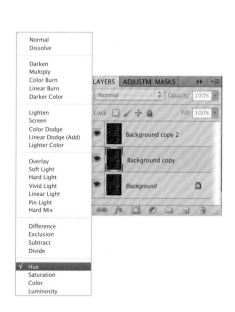

制作波浪

展平所有图层。

滤镜→扭曲→波浪。

更改"波形"对话框中的滑块，直到对效果满意为止。

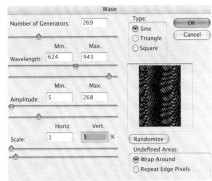

色彩混合

在这里,不同颜色的调色板被用来创建立方体设计。.

将设计导出到 Photoshop 之后，再次复制图层，在"图层"面板中更改"比例"和"不透明度"，并添加"混合模式"设置"差异"和"亮化"，创建左侧所示的效果。

最后，对图像进行平整并应用"液化"滤镜，制造流动感和混色效果。

过滤→液化。

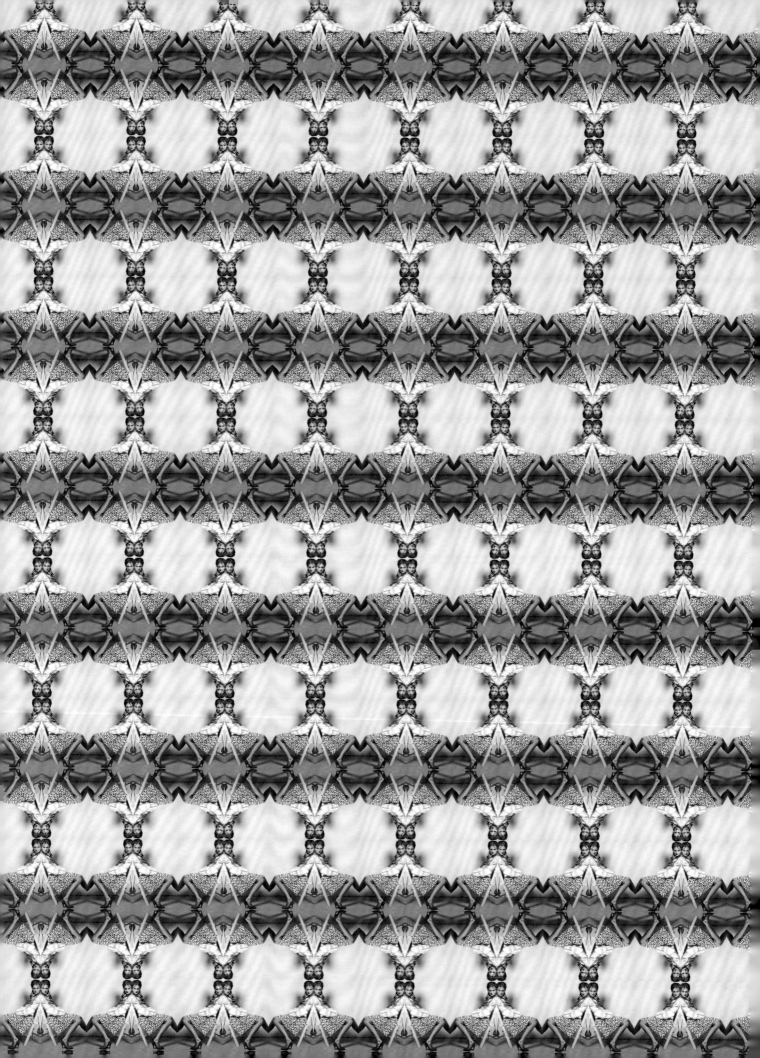

第三章
图案和重复

数字纺织品设计中的图案和重复

艺术家和设计师总是从自然和人造的纹理和图案中获得灵感，重复的图案已成为装饰艺术中大多数表面设计的基础。我们似乎本能地被模仿自然界规则变化的设计所吸引。

如果设计是手工涂色或绘制的，并可以使图案连续变化，就像水中的涟漪一样，而且遵循可以预测的结构。但是，在传统的机械印刷中，这种随机化是不可能的，图案的精确重复是机械印刷过程的操作原理。数字印刷的诞生意味着不再需要这种机械的重复。但是，重复设计仍然存在其合理的美学意义和实际应用依据。

有两种类型的重复结构用于布置设计，从而在印刷后形成连续的长度：块或图块以及跳接重复。也许乍一看似乎并不明显，但是所有通过传统机械方法印刷的表面设计都适合这两种结构之一。平铺重复的示例包括棋盘格、格纹和条纹，而半滴示例包括波尔卡圆点、钻石结构图形和 S 形曲线，以及常见的砖块铺设图案。

格子或钻石设计的本质就是其几何结构分明。对于更多的自然图案，如花卉或纹理设计，设计师并不刻意摆放图案。成功的重复图案在不经意间让人产生图案随机散布或纹理不间断的幻觉（请参照本书第 79 页）。与那些以重复结构主导设计的图案形成鲜明对比的图案相反，这种纹理设计使人产生冥想，获得安宁。两种风格都可以令人愉悦。

技艺高超的设计师能够基于鹅卵石或木纹开展自然设计，如不特意搜寻重复图案，观众就不会察觉。在一个失败重复图案设计示例中，一个特别明亮的鹅卵石由于重复出现，可能会特别吸引观众的目光，破坏整体重复图案的效果，有损整个自然表面的印象。

这个问题，在外观设计行业中被称为"跟踪"，即无意中产生了条纹或斜线，可以通过分散设计中显眼元素的复制品或变体来解决，其方式是，使它们看起来随机放置，并且与其他类似的图案或颜色区域平衡分布。进行此随机化的重要因素是要确保重复图案的初始大小足够大，能包含足够的元素以供使用。可以通过将几个图案连接在一起以形成一个单元图案来完成，然后将其重复。例如，我们在厨房丽光板或油毡中经常使用的纹理看到了这种类似大理石图案的重复类型。对于花

艺，可以通过旋转和获得图案镜像来创建平衡图案，直到整体效果流畅且不会被僵硬的图案结构分散注意力为止。负空间的平衡分布也至关重要。

通过使用数字技术并在印刷之前在屏幕上重复"逐步平铺"（或拼贴）你的设计，可以选择纠正任何视错觉，如跟踪。如果确实发生了跟踪，那么你应该对重复单元进行重新整理，直到达得平衡分布为止。

在 Photshop 和 Illustrator 中创建重复

重复是将设计投入生产的最后准备阶段。对设计师而言，了解重复结构、重复改变设计外观的路径以及可以使用的不同方法至关重要。在使用 Photoshop 之类的软件之前，可通过跟踪或影印原始图稿，剪裁页面并整理或回描图案以跨接缝工作来创建重复项。一旦重复单元成功设置，将通过绘画或影印来重新创建设计。本章介绍的数字化重复创建方法原理相同，但更加省时。

Photoshop 和 Illustrator 尽管并非为纺织品设计而产生，但我们仍然可以应用这些软件中的很多方法创建重复项。Photoshop 为设计作品提供了一种绘制方法。例如，"复制图章"工具可用于保持原始设计的手稿或照片。这些软件可以用来修补重复过程中不可避免产生的接缝。修补工作需要技巧才能完成。

另外，Illustrator 是基于矢量的程序，能保持元素的数学"记忆"，因此在操作过程中它们永远不会变形。在 Illustrator 中设置图案组合比在 Photoshop 中要容易得多，我们可以一起移动或操纵这些组合。Illustrator 软件可以构建准确而复杂的图形、图案和结构，能提供无限的组合可能性。

本章以条纹图案和格纹图案为例，介绍了 Photoshop 和 Illustrator 中设置块和跳接重复的基本原理。一旦掌握了两个软件的原理过程，就可以自如地应用它们设计和构建成功的重复图案。Photoshop 更适合自然、绘画或摄影设计，而 Illustrator 更适合设计几何和硬边样式。

薇姬·默多克(Vicki Murdoch)为她 1969 年的旅行车装潢别出心裁地设计了一个纺织品系列,车主人是她的猫!她的灵感来自那个时代的复古版画。重复图案是她设计过程中必不可少的一部分,可以使她的设计与诡异的环境融为一体。

确实存在专门用于传统印花生产设计和生产的纺织品设计软件,例如 AVA , Pointcarré 和 Lectra。第六章将更全面地介绍这些软件。许多系统都具有创建重复的功能,它们比 Photoshop 和 Illustrator 等现成的软件包操作要快得多且复杂得多。

Photoshop 重复：基本块重复

在 Photoshop 中制作基本块图案的最快方法是使用"定义图案"功能。只需将一个图案重复放置，并将其存储在模式库中，就可供你随时使用。

步骤 1

选择一个图案并调整到所需的大小。这里的图像被缩小到2cm x 2cm（0.8英寸 x 0.8英寸）。

图像→图像大小。

选择→全部。

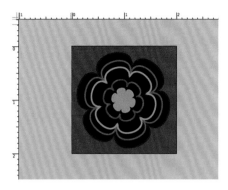

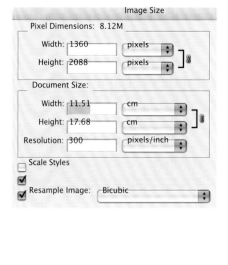

步骤 2

编辑→ 定义模式。

命名新模式，单击"确定"按钮。

步骤 3

打开一个新文档，或者选择要填充新图案的形状。

编辑→填充。

步骤 4

在"填充"对话框中，选择"模式"。

步骤 5

单击"自定义图案"显示存储在模式库中的模式。最后显示的图案将是你刚才制作的图案。

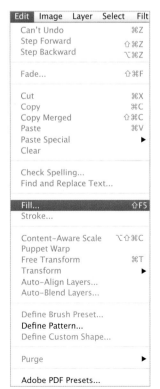

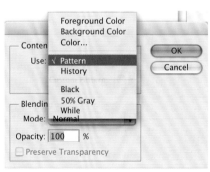

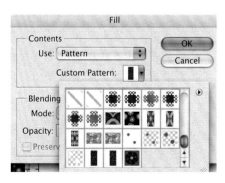

Photoshop 重复：应用偏移滤镜处理重复块

通过将设计单元定义为模式，可以创建简单的块重复。但是，如果你设计的不是简单的平面图案并且具有纹理，则会看到接缝出现。 通过偏移处理，就可以仔细修补接缝，避免难看的线条穿过重复部分。修补接缝可能需要时间和耐心，但这是获得美丽、自然花纹过程的重要一步。

本教程演示了花卉图案的重复制作过程。该绘画由丙烯酸涂料层组成，在修补过程中保持绘画的感觉和质量至关重要。

步骤 1

在 Photoshop 中打开图稿并应用"偏移"滤镜。

筛选器→其他→偏移量。

在"偏移量"对话框中，选中"环绕"。

将水平和垂直像素图像大小除以2，然后输入新值。单击"确定"按钮。

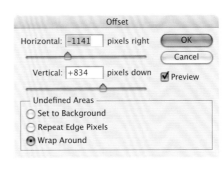

步骤 2

图稿作品被切成四幅图并翻转，这样在边缘部分将边对边匹配，但接缝明显贯穿整个设计。

步骤 3

去除明显接缝需要使用适合的工具对接缝进行修补。"复制"工具用于保留绘制的纹理。选择"软刷"选项，以避免产生硬边。使用"吸管"工具进行绘画，然后将其拉回到接缝中，以进行颜色匹配。你也可以复制和粘贴设计的各个部分，在接缝周围重建一个区域。

"斑点修复画笔"工具将复制选定区域中的纹理，并将其与要修复区域的颜色和色调相匹配。

通过使用"内容感知填充"，你可以从图像的一个区域复制数据并对其进行颜色匹配，然后填充到另一个选定区域。对所选区域进行更改以匹配其周围的区域，并在选择中填充实际的图像细节。

克隆工具

步骤 4

当你对修补感到满意后，可以再次进行偏移操作（步骤1至步骤3）以检查重复单元。最后，平铺艺术品。

图层→展平图像。

步骤 5

在定义图案之前，可以更改单元大小。

图像→图像大小。

步骤 6

编辑→定义图案。

为图案命名，然后单击"确定"按钮。

Photoshop 重复：简单跳接图案

如果想要重复创建一个图案，本教程介绍了一种简单的方法——创建一个跳接。由于图案是独立的，因此无须修补，也不需要使用更复杂的方法进行本书第 96 页上所示的跳接重复。你可以使用此方法创建简单的图案，然后将其存储在图案库中。

步骤 1

在 Photoshop 中打开图案。
选择→全部。
编辑→复制。

步骤 2

图像→图像大小。
写下像素尺寸。

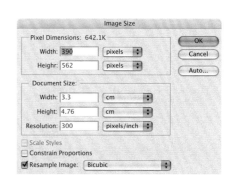

步骤 3

过滤器→其他→偏移。
在"偏移"对话框中，选择"环绕"。将"垂直像素"图像尺寸除以 2，然后输入值。单击"确定"按钮。

步骤 4

图像→画布大小。
选择"锚点"网格左侧的中间框。
在宽度栏，输入 200％。

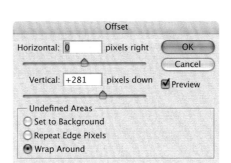

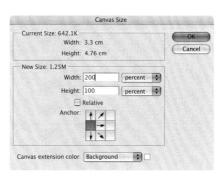

步骤 5

你已经复制了原始图案。
编辑→粘贴。
将新图案放在第一个图案旁边。
展平图像。
图层→展平图像。

步骤 6

如果需要，可以更改图案的大小。
图像→图像大小。

步骤 7

编辑 → 定义图案。
命名图案，单击"确定"按钮。

步骤 8

打开新文档。
编辑→填充。
单击"自定义图案"，
找到你的新图案。

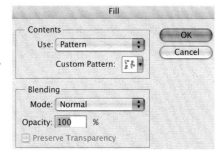

Photoshop 重复：（印染图案设计）跳接重复

跳接是设计者在 Photoshop 中执行的最复杂的重复操作。该过程很简单，但是需要耐心修补接缝，使它们随设计一起流动以实现流畅的重复效果。在本教程中，维多利亚·珀弗（Victoria Purver）的花卉画《奥菲莉亚》（*Ophilia*）将用于演示跳接重复。

步骤 1

在 Photoshop 中打开图像。
图层→展平图像。
查看→对齐到→全部。

步骤 2

选择→全部。
编辑→自由变换。
请注意要标记设计中心点的十字准线。

步骤 3

查看→标尺。
向下拖动参考线，使其在十字准线上方就位。
单击"退出"按钮。

步骤 4

选择设计。
编辑→复制。
取消选择设计。

步骤 5

图像→画布大小。
选择"锚点"网格底部中间的正方形。
将高度更改为200％。

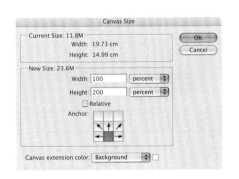

步骤 6

单击"确定"按钮。你会看到画布高度增加了一倍。

步骤 7

编辑→粘贴。
展平图像。

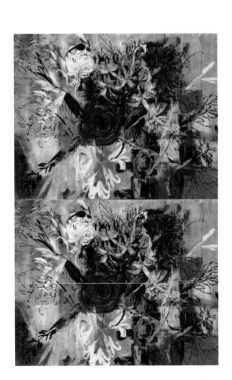

步骤8

修补接缝需要使用适合的工具。"复制"工具用于保留绘制的纹理。选择"软刷"选项避免产生硬边。使用"滴管"工具上色并拉回接缝，使颜色匹配。也可以复制和粘贴设计的各个部分，在接缝周围重建一个区域。"修复画笔"工具将复制选定区域中的纹理，并将其与要修复区域的颜色和色调相匹配。

可以使用"内容感知填充"，从图像的一个区域复制数据并对其进行颜色匹配，然后填充到另一个选定区域。可以更改所选区域以匹配其周围的区域，并在选择中填充实际的图像细节。

步骤9

选择→全部。
编辑→复制。
它可以在此过程中复制和粘贴其他设计元素。例如，右侧的红色花朵只是设计作品中的半个元素，使用标准的Photoshop工具很难完成。

步骤10

图像→画布大小。
将"宽度"设置为200％，使画布的宽度加倍。

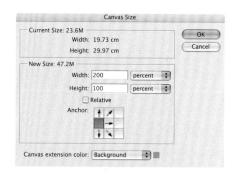

步骤 11

编辑→粘贴。
移动粘贴的图像，使顶部沿辅助线对齐。

步骤 13

像以前一样修补接缝。

步骤 15

过滤器→其他→偏移。
在"偏移"对话框中，选择"环绕"。将水平和垂直像素图像尺寸除以 2，然后输入新值。单击"确定"按钮。新的接缝将出现，你需要再次修补。

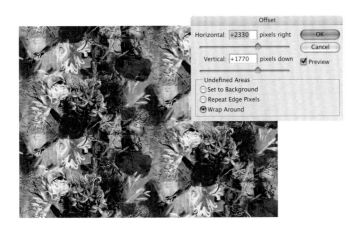

步骤 12

复制新的粘贴层。 拖动它,使底部对齐到辅助线。展平图层。

步骤 14

图像→图像大小。
注意像素大小。

步骤 16

图像→画布大小。
选择"锚点"网格底部中间的正方形。
将高度更改为 50%。

步骤 17

你的设计现在处于跳接单元中。
此时，可以更改图像尺寸。
这是可以交给数字打印公司重复打印的单元。

步骤 18

选择→全部。
编辑→定义图案。
命名图案，然后单击"确定"按钮。
打开一个新文档以查看重复效果。
编辑→填充。
选择图案并找到新图案。

Photoshop 图案：格纹

　　本教程介绍创建经典永恒的方格花纹的方法。方格创建后，可以用任何颜色填充并更改比例。方格花纹可以单独使用，也可以合并到设计中。无论采用什么方法，它都会为设计添加迷人的新鲜元素。

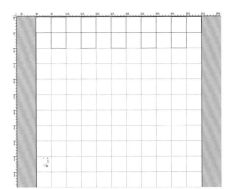

步骤 1

在 Photoshop 中以 5.5cm x 5.5cm（2 英寸 × 2 英寸）的尺寸建立一个新文档。

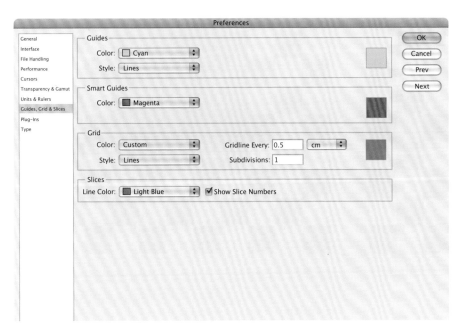

步骤 2

调整网格设置。

Photoshop→首选项→指南，网格和切片。此时将出现一个对话框。每0.5cm（0.2英寸）设置一条网格线，并将"细分"设置为1。

步骤 3

查看→显示→网格。
查看→对齐到→网格。

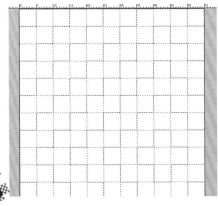

步骤 4

从工具栏中选择"钢笔"工具。
使用"钢笔"工具绘制交替的正方形，使用网格作为向导创建棋盘效果。锚点应自动单击到每个网格正方形的角点。

← 钢笔工具

步骤 5

单击"路径"选项板，查看已经创建的路径。
单击面板底部的"选择"图标，使路径成为实时选择。

← 选择图标

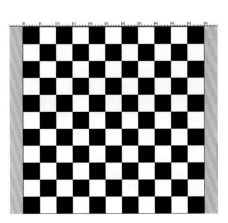

步骤 6

编辑→填充。
选择黑色作为前景色。

步骤 7

拖动水平和垂直辅助线距，设计边缘为0.5cm（0.2英寸）。

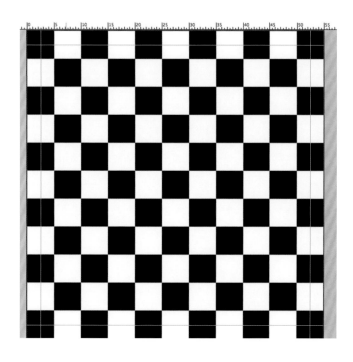

步骤 8

使用"钢笔"工具绘制一个中央5×5的正方形。在"路径"调板中将其选中。

编辑→填充→前景色。

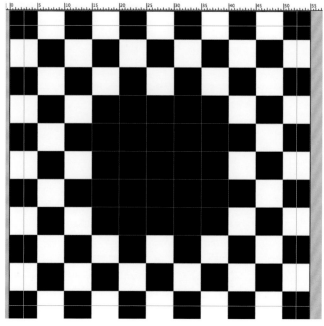

步骤 9

再次使用钢笔工具在5×5的正方形四周绘制并填充3×3的正方形，然后像以前一样选择它们。用白色填充方块。

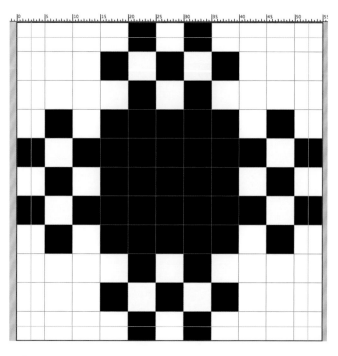

步骤 10

以指导线为指导，并使用"工具"调板中的"裁剪"工具来裁剪设计。至此，已经完成格子图案的单元创建。

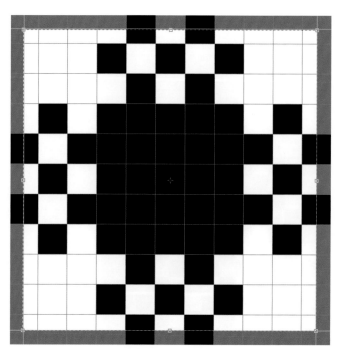

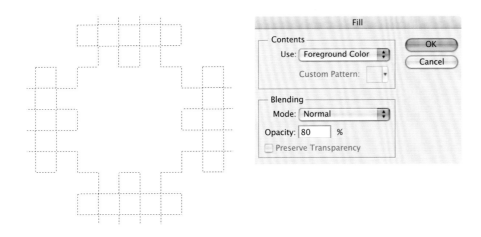

步骤 11

你可以选择黑色并根据需要对格纹进行着色。下面的方法展示出两色的编织效果。首先选择方格布纹和白色填充，再次选择，然后填充所需的颜色。在"填充"对话框中，将"不透明度"更改为80%。

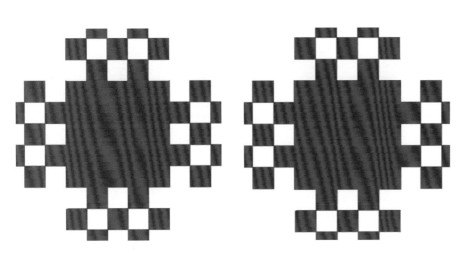

步骤 12

使用"钢笔"工具绘制中心正方形。选择中心正方形并用相同的颜色填充，但不透明度设置为100%。

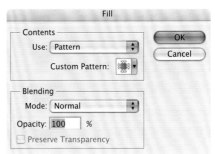

步骤 13

方格已经绘制好。可以使用"图像大小"对话框改变比例，以更改其大小。

图像→图像大小。

步骤 14

选择→全部。
编辑→定义模式。
命名模式，然后单击"确定"按钮。创建新文档。
编辑→填充。
选择图案并找到方格纹。

Photoshop 图案设计：条纹的创建

可以在 Photoshop 中创建简单或复杂的条纹，并将
其存储在图案库中以备后用。

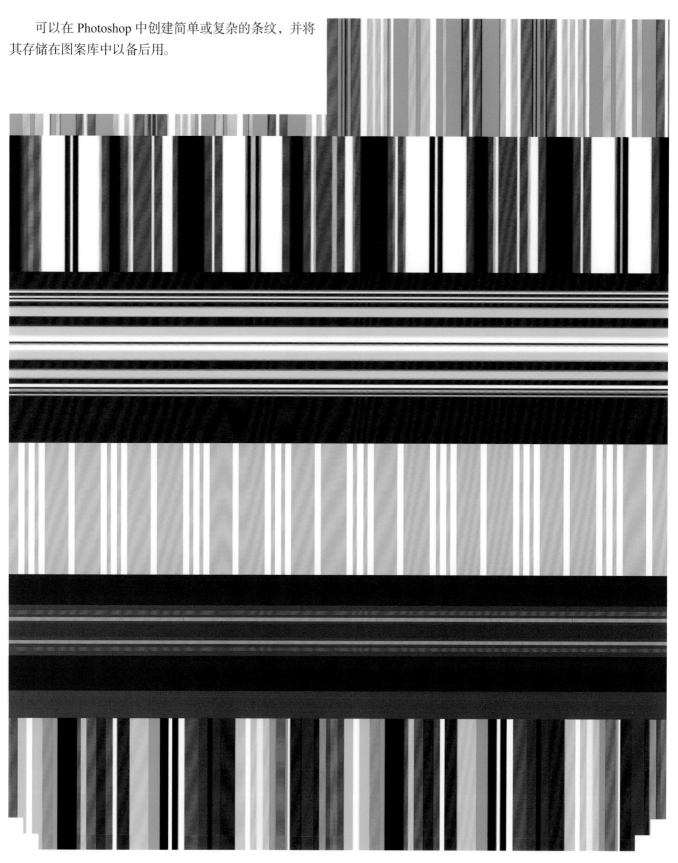

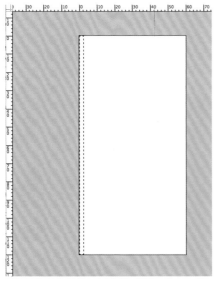

步骤 1

在 Photoshop 中建立一个新文件。此处显示的是 6cm×12cm（2.4 英寸 × 4.7 英寸）。
查看→标尺。
使用"选取框"工具选择一个狭长区域。

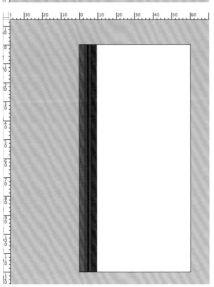
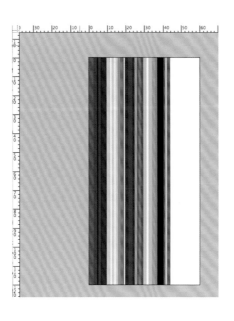

步骤 2

使用"油漆桶"工具为所选区域填充颜色。使用此方法继续在整个区域上创立条纹。

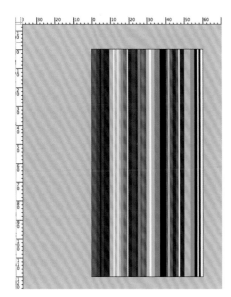

步骤 3

完成条纹。
选择→全部。

步骤 4

编辑→定义图案。
命名条纹，然后单击"确定"按钮。

步骤 5

打开一个新文件。
编辑→填充。
选择图案并找到条纹。
将新的条纹填充新文档。

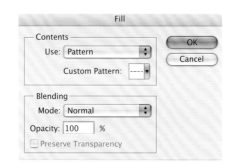

Illustrator 重复设计：
基本图案色板

Illustrator 提供了一种创建带图案图块的简单方法。本教程介绍制作可以用于创建醒目图案的块状和跳接图块的方法。你可以使用矢量图形图案，创建一个在诸如拼布之类的设计中使用的图案色板库，此外，还可以创建渐变色。

步骤 1
创建图案。如果创建的图案包含多个元素，请将各元素组合在一起。
对象→组。

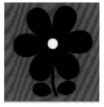

步骤 2
如要创建简单的方块图块，请将图案放置在正方形的中心，然后选择正方形和图案。
编辑→定义图案。
命名图案。

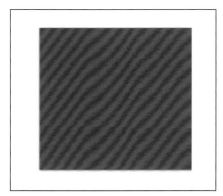

步骤 3
要创建跳接图块，首先需要绘制一个正方形以放置图案。检查"视图"菜单，选择"对齐点"和"智能辅助线"。

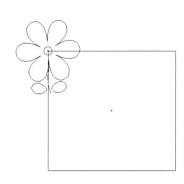

步骤 4
将花卉复制并粘贴到正方形中。
查看→大纲。

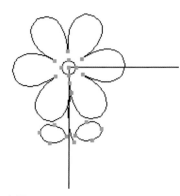

步骤 5
使用"选择"工具，选择花卉的中心并将其拖动到正方形的左上角。
它一旦卡入到位，就会出现十字线。

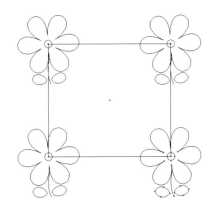
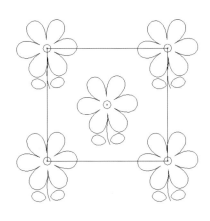

步骤 6

复制花朵。在正方形的每个角上放一个，中间再加一个。

步骤 7

查看→预览。

选择将要填充的正方形。

编辑→粘贴回。

在仍然选择正方形的情况下，将"描边和填充"设置为"无"以创建边界框。

（如果已经在使用透明正方形，则无须执行此步骤。）

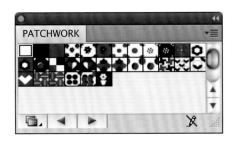

步骤 8

选择正方形和图案。

编辑→定义图案。

为绘制的图案命名，然后单击"确定"按钮。图案将出现在"色样"面板中。制作完色板后，将它们保存在色板库中以备将来使用。

步骤 9

创建形状，使用新的色板块填充。尝试使用"变换"工具来更改图案旋转角度，并进行缩放。

对象→变换→旋转。

对象→变换比例。

选择"图案"选项，并且取消选择"对象和描边效果比例"。

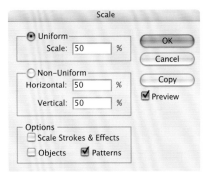

教程 18

在 Illustrator 中有无数种创建几何图块的方法。本教程介绍创建经典的菱形图案的方案。你可以为单个钻石形状上色，保存色板库中的各种设计。当在 Illustrator 中创建色板后，可以将其保存并用作 Photoshop 中的图案拼贴。

Illustrator 图案设计：
钻石图案

步骤 1

在 Illustrator 中打开一个文档。
查看→显示网格。
查看→对齐网格。
使用"钢笔"工具绘制等边菱形。锚点将与网格卡合。

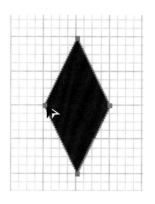

步骤 2

返回到"查看"菜单，取消选择"网格线对齐"。选择"对齐点"和"智能参考线"。

Outline	⌘Y
Overprint Preview	⌥⇧⌘Y
Pixel Preview	⌥⌘Y
Proof Setup	▶
Proof Colors	
Zoom In	⌘+
Zoom Out	⌘-
Fit Artboard in Window	⌘0
Fit All in Window	⌥⌘0
Actual Size	⌘1
Hide Edges	⌘H
Hide Artboards	⇧⌘H
Show Print Tiling	
Show Slices	
Lock Slices	
Hide Template	⇧⌘W
Rulers	▶
Hide Bounding Box	⇧⌘B
Show Transparency Grid	⇧⌘D
Hide Text Threads	⇧⌘Y
Hide Gradient Annotator	⌥⌘G
Show Live Paint Gaps	
Guides	▶
Smart Guides	⌥⌘U
Perspective Grid	▶
Show Grid	⌘"
Snap to Grid	⇧⌘"
Snap to Point	⌥⌘"
New View...	
Edit Views...	

步骤 3

将光标放在左侧锚点上，然后开始将其向右拖动。按住 Shift 和 Option／Alt 键可以选定并保留副本。光标对齐后将变为白色。

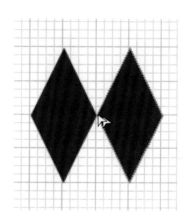

步骤 4

使用键盘快捷键 Command＋D 重复此操作，绘制一行四个的菱形。

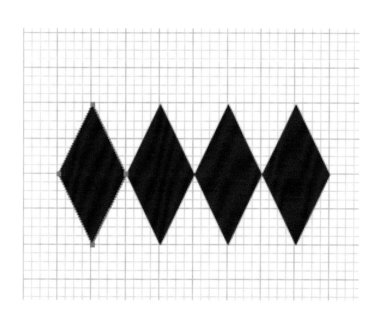

黛西•巴特勒（Daisy Butler）将图案运用到时装插画中。

步骤 5

一行四颗钻石的操作完成后，选择左侧钻石的顶部锚点，然后按住 Option / Alt 键，将锚点拖动，直到锚点与同一钻石的右锚点卡入到位。重复本操作，直到每行有三颗钻石。

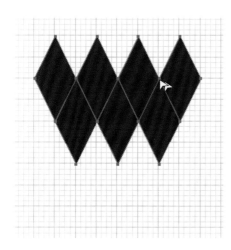

步骤 6

选择所有的钻石。从左上角菱形的锚点开始，按住 Option/Alt 键，拖动它，直到与底行的左锚点卡入到位。继续构建第五行钻石。

步骤 7

选择单个菱形并上色，创建图案。

步骤 8

查看→大纲。
窗口→属性。
选中所有菱形后，单击"显示中心"图标以显示菱形的中心点。

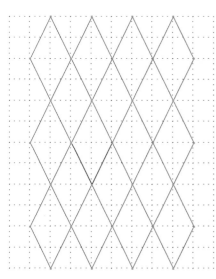

步骤 9

从工具面板中选择"矩形"工具。将"描边和填充"设置为"无"。从左上角菱形的中心点开始，到右下角菱形的中心点结束，绘制一个矩形。

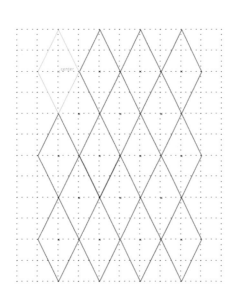

步骤 10

选择矩形和所有图案元素。
编辑→定义图案。
为图案命名，然后单击"确定"按钮。图案将出现在"色板"调板中。

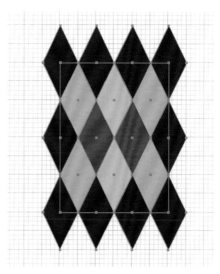

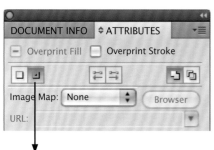

显示中心图标

图案变化

有了钻石单元后,就可无限次选择和更改填充颜色,创建不同的钻石形状。

将每个图案另存为色板,绘制一个矩形,然后使用新的色板图案填充它从而创造出不同的效果。

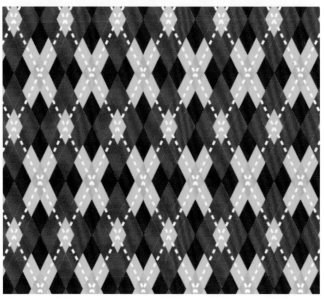

使用"钢笔"工具,从外部菱形的中心点创建一条对角线,并在笔画上应用虚线。 这将产生缝合的效果,让人想起经典的多色菱格图案。

Illustrator 图样文件导入 Photoshop

完成图案块创建，把它保存在样本库后就可以再次使用它。你也可以将创建的图案块保存在 Photoshop 模式库中，以便在 Photoshop 图像中使用。

步骤 1

在 Illustrator 中，从样本库中打开保存的样本。

步骤 2

把你的图案拖出来。
查看→大纲。
选择边界框。
如果模式已分组，则**对象→取消分组**。
选择边界框。
编辑→复制。取消选择所有内容。
编辑→粘贴在顶层。

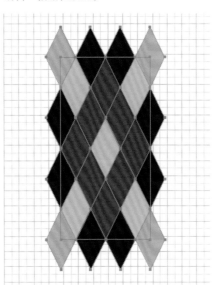

步骤 3

选择矩形。
对象→创建修剪标记。
保存文件。

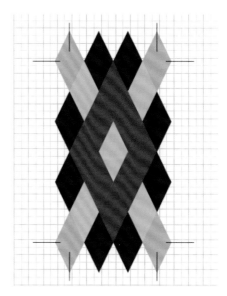

步骤 4

打开 Photoshop，然后打开 Illustrator 模式文件。这时将出现"导入 PDF"对话框，将分辨率更改为 300 像素/英寸。

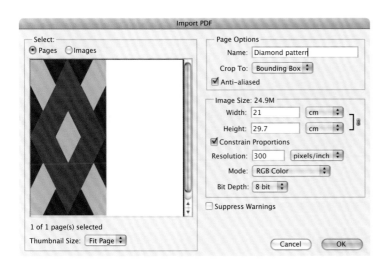

步骤 5

单击"确定"按钮打开图案块。
此时，可以更改图像大小。
图像→图像大小。

步骤 6

选择→全部。
编辑→定义图案。
为你设计的图案命名，然后单击"确定"按钮。
将图案块导入 Photoshop 文件。

Illustrator 图案设计：
格子图案

本教程介绍设计传统格子的方法，可供印花或编织设计师使用。格子通过织机的经纬纱创造。经纱垂直设置，纬纱水平设置。我们将采用 Adobe Illustrator 并使用相同的方法进行图案设计。

首先创建一些斜线条纹图案拼贴，格子就会有更多的图案和纹理选择。设计可以使用"变换"工具对图案拼贴进行更改，也可以通过颜色变化来构建格子。

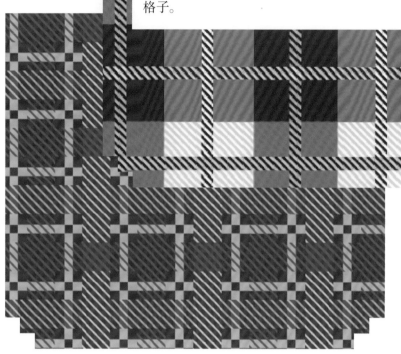

矩形工具

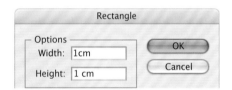

步骤 1

使用矩形工具创建一个 1cm×1cm（0.4英寸×0.4英寸）的正方形。

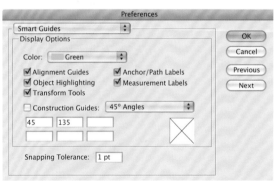

步骤 2

Illustrator→首选项→智能参考线。
将设计向导设置为45°角。
检查"查看"菜单，启用"智能参考线"和"对齐到点"。

步骤 3

将"描边和填充"设置为"无"。

步骤 4

查看→大纲。
选择"钢笔"工具,然后将其拖动到正方形上,直到碰到45°线为止。在对角线上画一条线。
查看→预览。
线条选择黑色3磅。

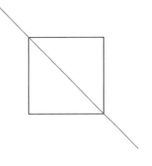

步骤 5

使用"选择"工具抓取对角线。
将它拖向正方形的右角,按住 Shift 和 Option/Alt 键选择和复制。
在光标变为白色之前,不要松开鼠标按钮或按键;这意味着线条已卡入位。
对左上角线重复此操作。

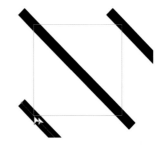

步骤 6

三条线全选,改变颜色。

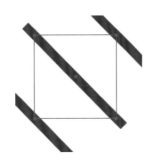

步骤 7

你可以更改背景颜色和线条颜色。选择三行,然后选择一种新的线条颜色。选择正方形并用新颜色填充。
选择正方形。
编辑→复制。
编辑→粘贴在所选图案后面。
这仍将被选择,将"描边和填充"设置为"无"。

Edit	Object	Type	Select	Effect
Undo Attribute Changes				⌘Z
Redo				⇧⌘Z
Cut				⌘X
Copy				⌘C
Paste				⌘V
Paste in Front				⌘F
Paste in Back				⌘B
Paste in Place				⇧⌘V
Paste on All Artboards				⌥⇧⌘V
Clear				

步骤 8

选择→全部。
编辑→定义图案。
为图案命名,然后单击"确定"。
新的图案拼贴将出现在"色板"调板中。

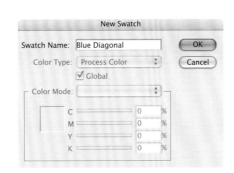

New Swatch

Swatch Name: Blue Diagonal

Color Type: Process Color

☑ Global

Color Mode:

C 0 %
M 0 %
Y 0 %
K 0 %

OK Cancel

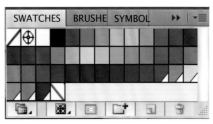

SWATCHES BRUSHE SYMBOL

步骤 9

绘制一个矩形，并用色板填充。
你可以更改比例：
对象→变换→缩放。
将出现一个对话框。在选项中，选择"图案"。所有其他选项均应取消选择。
更改等分标度百分比。

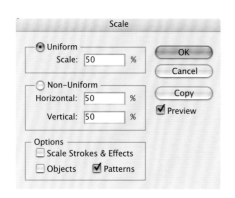
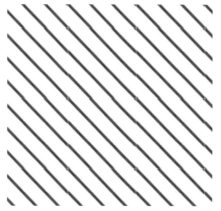

步骤 10

建立基本的对角格子：
对象→变换→反射。
选择"垂直轴"和"图案"选项，然后单击"复制"按钮。
选中此新框后，打开"透明"面板。
窗口→透明度。
降低不透明度以创建编织效果。

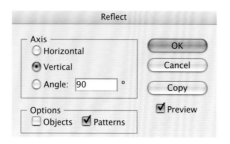
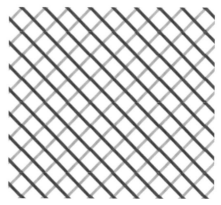

步骤 11

创建各种颜色，将色板保存到"色板库"中。

用斜线图案块创建格子图案

步骤 1

在 Illustrator 中打开一个新的 A4 文档。双击"矩形"工具,"矩形"对话框将打开。输入 1cm（0.4 英寸）宽度和 29cm（11.4 英寸）高度。用新的对角线图案填充矩形。

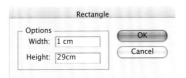

步骤 2

选择新的矩形。按回车键,将出现"移动"对话框。设置水平位置,输入 2cm（0.8 英寸）。选择"对象"选项,按复制。反复按 Command + D 完成该行。

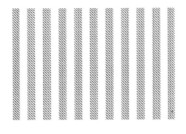

步骤 3

每隔一行用不同颜色填充。

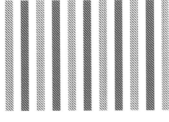

步骤 4

使用相同的方法完成水平行。创建一个宽度为 21cm（8.3 英寸）,高度为 1cm（0.4 英寸）的矩形。在移动对话框中设置垂直位置为 2cm（0.8 英寸）。

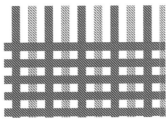

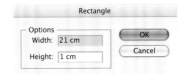

步骤 5

隔行选中,改变透明度调色板中的不透明度,以实现编织效果。

步骤 6

创建一个新图层。在此基础上创建一个新的网格,其宽度为 0.5cm（0.2 英寸）。

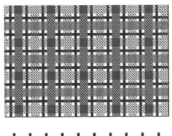

步骤 7

关闭顶层以显示新格子。选择"全部"并打开路径填充面板。

窗口→路径过滤器。

选择"排除"图标,该图标将排除重叠并将其剪除。

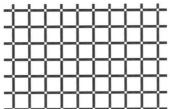

步骤 8

重新打开顶层,通过添加背景并更改网格块的颜色进行配色。用不同颜色创建其他图块,以获得更多选择。

Illustrator 图案设计：跳接

此花卉图案设计是在 Illustrator 中使用不同形状创建的，使用 "钢笔" 工具绘制，将其设置在一个方形框中。如果你希望进行图案跳接重复，则该功能非常有用。

步骤 1

在 "视图" 菜单中，单击 "智能参考线" 和 "对齐到点"，每一个图案旁边应出现一个勾号。同时显示标尺。

查看→标尺→显示标尺。

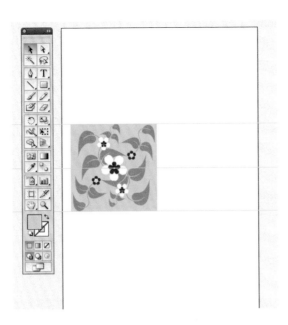

步骤 2

从标尺上拖动参考线，直到它们卡入方形框的顶部和底部。使用"智能向导"找到设计的中心很重要。

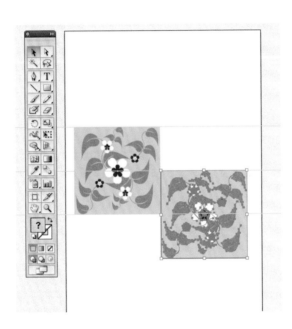

步骤 3

进行方形框复制设计并将新方形框与原方形框对齐以创建跳接式重复，与方形框的边缘接触并且与中心导轨垂直对齐。

你可以使用"编辑"菜单中的"复制和粘贴"命令进行复制，也可以使用Windows菜单中的"对齐"调板。或者用鼠标选择并按住方形框，然后按Option / Alt + Shift拖动方形框以自动复制。

如果从方形框的角边缘拖动，则智能参考线将捕捉到原方形框边缘。

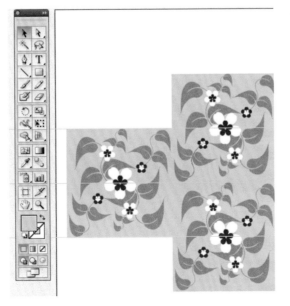

步骤 4

复制并再次对齐设计，使新框的底部与中心导板对齐。

步骤 5

拖动垂直辅助线到设计的左侧和右侧。尽可能多地使用"对象"菜单中的"取消组合"命令取消所有对象的组合。

对象→取消分组。

删除所有颜色框，制作另一个框以适应图案边缘。

编辑→复制。

步骤 6

选择新框。

对象→排列→发送回。

对象→锁定→选择。

仍选中该框。

编辑→粘贴到图案前面。

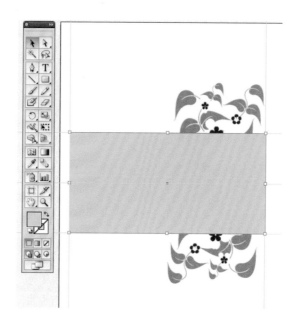

步骤 7

仍应选择顶部的框。

对象→路径→分割下面的对象。

这样可以将多余的设计削减到框线之外。

选择并删除多余的设计。

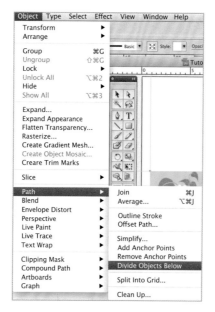

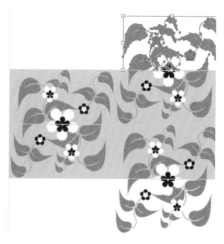

步骤 8

你可看到与该示例相似的内容。

对象→全部解锁。

将所有对象组合在一起。此时，可以缩放重复单元。

对象→变换→缩放。

然后将整个设计拖到"色板"面板中。面板上将显示你的花卉图案设计。

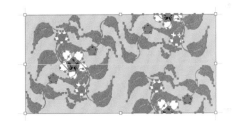

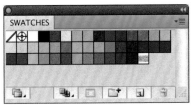

步骤 9

可通过创建一个更大的框架并用新色板填充来查看设计效果。

第四章
插图导论

插图导论

纺织品设计师需要在别人理解他们的前提下，展示自己的设计作品。通常这意味着描述一件衣服或内部装饰上图案的设计。这将设计提升到另一层次，使其置于现实环境中，并赋予收藏品一种空间感。最近，数字技术的进步在一定程度上催生了大量激动人心的新时装插图技术。这不仅打开了一种新媒介的大门，也提供了一种绘制插图的新方法。

插图不再只是对纺织品设计的字面解释。相反，插画家是在一个充满幻想和想象的世界里创造一种让观众迷失自我的情境和氛围。纺织品设计师必须提供感性和装饰性方法，这是一个很好的开端。通过结合素描、油画、拼贴和摄影，设计师可以创作出激动人心、活力四射的作品，这些作品可以探究一个故事，赋予其设计作品另一个维度。

通常情况下，在将图纸和设计作品拼贴在一起之前，计算机只是作为一种媒介将两者连接起来。最成功的插画家在其作品中会加入某种形式的个人"笔迹"。开始时你最好采用素描、油画或绘画，而后可以尝试根据氛围或按照某种艺术风格创作。书籍和杂志是灵感的一大来源。对设计师来说跟上潮流也很重要——无论是时尚方面，还是图形风格方面。不过，你的灵感大多源于你最初的纺织作品。此后你可能已经确立了主题，并且已经想到了如何去描绘你的设计。

插图风格和选择使用的媒介也会受到服装风格以及织物重量的影响。例如，如果你的设计采用厚实的羊毛和针织，那么你可以考虑用一种拼贴材料来增加重量感。如果你的设计采用的是轻薄的丝绸或雪纺，那么你可以考虑使用透明的画笔效果来展示流动的感觉。

最后，如果你设计纺织品是为了追求时尚，你就需要培养自己的数字绘图风格。大多数纺织设计师不是时装设计师，他们一想到人体素描就会感到恐慌。但是，他们的感官和灵敏的绘画技能会促使他们很快在时装绘图中找到自信。克服障碍的一个好方法是从生活中选择绘画素材；各种媒介上绘制观察到的物体的素描和线条图都可供日后使用。照片对于插画尝试也大有用处。照片可以进行手工或数字化临摹，对于插图初学者很有帮助。临摹不应该被认为是抄袭，对于那些不习惯绘制人物的纺织品设计师来说尤其如此。一旦临摹出一个轮廓，你就可以运用自己的插图风格来展示你的艺术作品。

在插图的哪个阶段应用数字技术取决于你自己。你可能只是在电脑上用 Photoshop 操作和组合图纸，或者希望给你的作品赋予一种数字化风格，这种风格可以通过 Illustrator 软件达成。

本章包括 Photoshop 和 Illustrator 的基本教程，你可以在自己的作品中调整发挥，创建具有个人特色的插图风格。

上一页：

这幅插图是金彩英 (Chae Young Kim) 为她"伪装厨房"的衣服（迷彩服）而设计的，其理念是通过赋予20世纪60年代和70年代的物品一种现代表达，以创造"未来的复古"。她用人体模特拍摄了自己的服装后，将其叠加到 Photoshop 中创建的背景上。其中的灯光效果和滤镜凸显了这些图像。

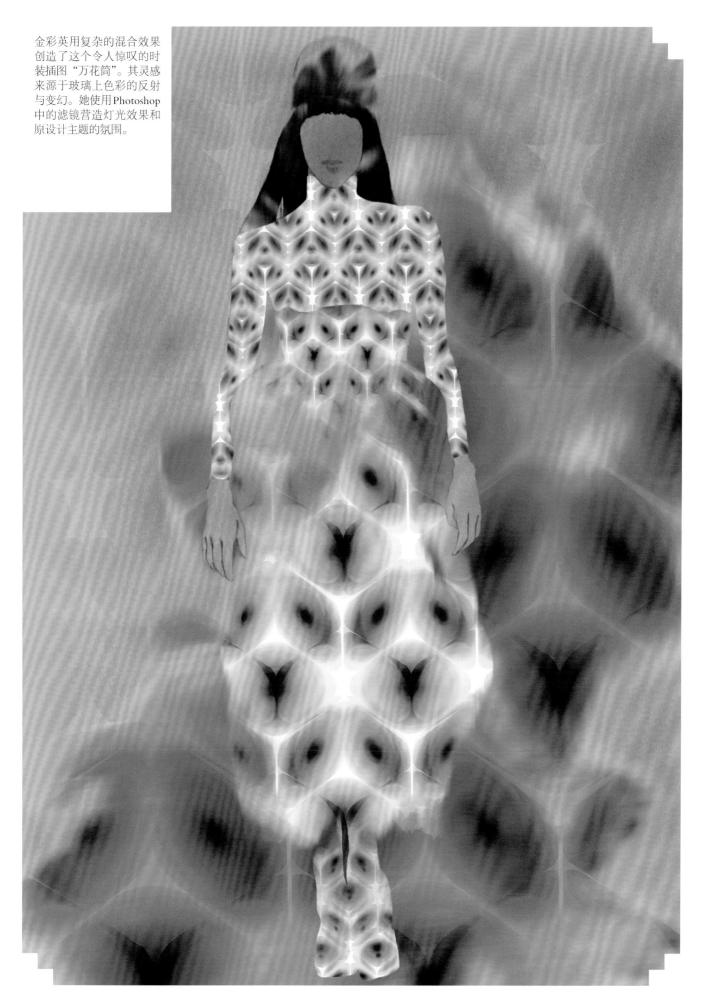

金彩英用复杂的混合效果创造了这个令人惊叹的时装插图"万花筒"。其灵感来源于玻璃上色彩的反射与变幻。她使用Photoshop中的滤镜营造灯光效果和原设计主题的氛围。

艾米·艾拉·布雷肯 (Amy Isla Breckon) 将她美丽的手绘图置于现实环境中。Photoshop 让她将手绘画与摄影、真实与虚幻融合在一起。优雅的手绘人物与乡村森林背景照片相结合，营造了一种忧郁且复杂的氛围，完美地展示了她源于动物灵感的版画。

詹尼斯·李成田 (Jennis Li Cheng Tien) 采取艺术手法，在 Photoshop 中通过重叠滤镜扭曲照片，创造出了"逃离"这样的数字绘画。

霍莉·霍尔姆斯 (Holly Holmes) 将她的设计反映到服装插图上，以便与她收藏的几何图案"重复"相协调。

波林·费尔南德斯 (Pauline Fernandez) 的丰富插图引发了她在设计中营造神奇和有趣氛围的希望。她通过运用一系列的摄影图像，依靠 Photoshop，将自己的设计置于超现实和不寻常的背景中。她使用滤镜和灯光效果的复杂组合来构筑作品的深度、亮度和氛围。尽管她的纺织品设计在此不占主导地位，但这似乎并不重要，因为她的插图以一种巧妙的方式让人产生符合作品氛围的联想。这可能比文字阐释更激动人心。

置换贴图

在本教程中，我们使用 Photoshop 中的置换滤镜将设计贴图置换到衣服上。置换滤镜将把一个设计图案逼真地放在一个不规则平面上，例如，图案放到有褶皱的面料上可以给人一种真实面料的感觉。

你需要两个图像：你希望扭曲的图像（设计）和你希望扭曲得到的图像（在本例中为裙子）。

步骤 1

创建置换贴图需要复制图像。
图像→ 复制。
给复制的图像起一个不同的名字以区别于
原图。

步骤 2

将复制的图像转换为灰度图像。
图像→ 模式→ 灰度。
将灰度图像用Photoshop (PSD) 或 TIFF 格式
保存，以便 Photoshop 可以识别并将其用作
置换贴图。
返回到原来的彩色图像。

步骤 3

使用"钢笔"工具在裙子周围绘画，并创
建一条路径。
创建路径后，可以使用工具面板中的其他
"钢笔"工具进行编辑。Photoshop 中的"钢
笔"工具和 Illustrator 中的一样。你可能需
要一点儿时间适应，不过这是值得的，因
为它确实是一种能实现精确选择的工具。

钢笔工具 ←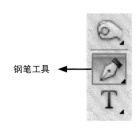

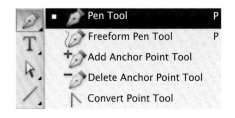

选择工具菜单中还有两个有用的"路径"
工具："路径选择"工具允许移动整个路
径；"直接选择"工具可以移动一个锚点。

你的路径将出现在"路径"面板。使用
"路径"面板下拉菜单保存路径，然后
单击面板底部的"路径选择"图标。这
将使路径成为实时选择。

路径选择图标

步骤 4

打开设计图案，在本例中它是一个重复的单元。此时，需要重新调整图案比例，使之符合填充图像的尺寸。

图像 → 图像尺寸。

创建一个单元图案。

编辑 → 设置图案。

给图案命名并点击"确定"按钮。

步骤 5

打开一个新文档并填充图案。

编辑 → 填充。

选择图案并找到你的设计。

选择 → 全选。

编辑 → 复制。

步骤 6

现在返回到原图并选择路径。

编辑 → 选择性粘贴 → 粘贴到。

步骤 7

图案已经粘贴到选择的裙子上了。
如有需要，仍然可以重新调整图案。
选择粘贴的新图层之后，请选择：
编辑 → 转换 → 比例。

步骤 8

现在是时候使用置换贴图了。
滤镜 → 扭曲 → 置换。
将出现置换对话框，接受"默认"选项并
单击"确定"按钮。
Photoshop 会询问想使用哪张图片作为置换
贴图。
选择灰度图像。

你会发现贴到裙子上的图案稍微有点儿弯
曲，但它仍然是平面的。

要显示图案下面裙子的褶皱，请在图层面
板中选择"正片叠底"。

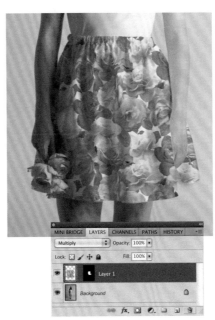

纹理贴图和线图

本教程演示的是如何使用 Photoshop 的基本工具将设计纹理贴到时装插图上。时装插图的关键是要有强烈的视觉效果，营造氛围。凯蒂·霍普（Katie Hoppe）的设计作品，灵感来源于民俗和浪漫的意象。她对色彩的运用丰富动人，充满着异国情调。她向我们展示了拥有大量原始图像和物体作为调色板的重要性。

首先选择一款服装造型图，该服装比较简单且可以添加更复杂的设计图案，并创建一幅黑色线条图作为模板。你可以合并其他绘图和扫描图像来使插图更具纵深感、更有纹理感。

步骤 1
扫描线条绘图并用 Photoshop 打开。

步骤 2
图像 → 调整 → 亮度/对比度。
移动滑块调整清晰度。

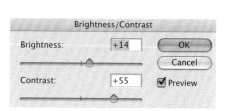

步骤 3
清理线条绘制图像，使用"橡皮擦"工具擦掉所有与结构无关的线，并将服装轮廓线之间的空隙连接起来以形成完整的服装造型并粘贴线绘图设计作品。

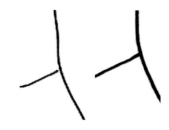

步骤 4

使用"魔棒"工具(公差设置为50)选择黑色线条的一部分。
选择 → 相似。
选择所有的黑线。

步骤 5

编辑 → 复制。
编辑 → 粘贴。
将出现一个新图层。
关闭背景图层，显示新图层。

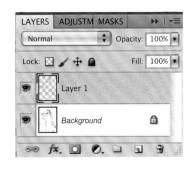

步骤 6

打开图案设计作品。
选择 → 全选。
编辑 → 复制。

步骤 7

返回到时装插图。使用"魔棒"工具选择裙装的主要部位。
编辑 → 选择性粘贴→ 粘贴到。

步骤 8

将出现一个新图层。使用"移动"工具移动设计图案。
编辑 → 变换。
调整或旋转设计图案以便准确贴合服装。

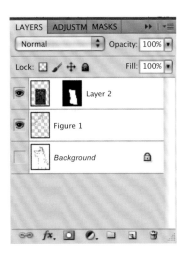

步骤 9

返回到原设计作品，使用"粘贴到"命令选择一个部位的图案粘贴到袖子。管理图层在这个阶段很重要，因为你已有了太多图层。现在应该有五个图层。关闭背景图层和线绘图层。选中其中一个设计图层后，单击图层面板右上角的菜单按钮，就会出现一个下拉菜单。选择合并所有图层使图层平面化。

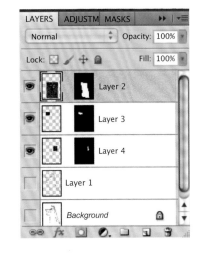

步骤 10

添加纹理需要扫描亮片装饰，并用Photoshop打开。

选择→ 全选。

编辑 → 复制。

选择人物绘制图层返回到时装插图。使用"魔棒"工具选择袖子。

编辑 → 选择性粘贴 →粘贴到。

将出现一个新图层。

使用变换工具使图案设计贴合袖子形状。

重复上述过程操作另一个袖子。

步骤 11

再次重申，管理图层很重要。关闭背景图层和线绘图层。选中其中一个设计图层后，单击图层面板右上角的菜单按钮，并从下拉菜单中选择合并所有图层使图层平面化。

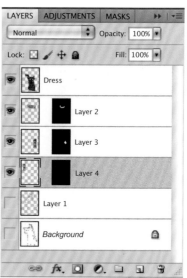

步骤 12

现在应该有三个图层。选择人物绘制图层并使用"魔棒"工具选择颜色填充人物。

步骤 13

现在人物图像完成了。你可以考虑添加一个背景。

步骤 14

创建一个新图层，并把它移到其他图层之下。

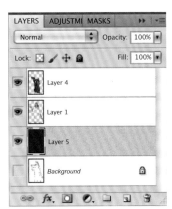

步骤 15

编辑→填充→背景颜色。
填充你选择的颜色。

步骤 16

打开一些图片粘贴到背景上。使用"魔棒"工具选择小鸟复制粘贴到插图上，然后着色。

步骤 17

创建纽扣树，需要扫描一款树干轮廓，然后使用"魔棒"工具选择并粘贴到背景中。

步骤 18

扫描一些纽扣的图像。使用"钢笔"工具在纽扣周围小心绘制，在边缘周围创建一些曲线。

步骤 19

进入"路径"面板，确保刚刚创建的路径有效，单击它以突出强调。
单击路径选择图标，使路径成为实时选择。
选择 → 反选。

路径选择图标

步骤 20

复制 → 粘贴。
使用移动工具排列纽扣。
复制纽扣构建纽扣树。
如前所述，合并纽扣树图层，创建一个新图层。

步骤 21

选择并复制一些线条图，粘贴到背景中。将它们涂成白色，并降低图层调色板的不透明度，为时装插图添加一些装饰性。

图形轮廓的创建

　　本教程演示如何将平面设计放置到用以展示的文本中。该实例显示了如何将简单的条纹图案放置到一款时装插图上。

　　下述步骤演示了如何在 Illustrator 创建图形模板，然后如何利用 Photoshop 将图案放入模板中。

步骤 1

在 Illustrator 创建一个新文件。

文件→位置。

选择想要勾画的照片，创建需要的人物模板。放置好照片后，打开图层面板并锁定图层，这将防止照片在勾画过程中被移动。单击调色板右上角的菜单图标，打开"图层"菜单。选择"新图层"来创建一个新图层。

步骤 2

使用"钢笔"工具，画出人物图形的轮廓。操作中需要使用一些"钢笔"工具，以创建和控制曲线。还需要知道如何使用"剪刀"工具切割路径，如何使用"直接选择"工具将路径连在一起（这是为了将绘图分成不同的部分，确保每个部分都是封闭的，以便用颜色填充）。

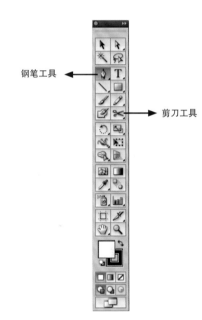

钢笔工具

剪刀工具

步骤 3

请在人物图形插图下创建一个新图层,绘制一个矩形并用一种颜色填充,以凸显人物图形插图。

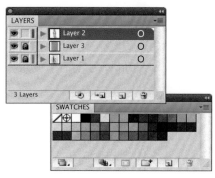

步骤 4

请在人物图形图层操作,选择衣服和人物部分填充颜色。

步骤 5

接下来,新建一个 Illustrator 文档,创建一个简单的条纹图案(参照本书第104页教程16)。

步骤 6

打开 Photoshop,新建一个 A4 文档。从 Illustrator 文档中,将人物图形插图的每一个图层以及简单的条纹图案复制并粘贴到 Photoshop 文档。给所有图层命名(应该有四个)。

步骤 7

这个条纹图案可能看起来太大,在这种情况下,可以通过条纹图层选择将其缩小到适当的比例。
编辑 → 变换。

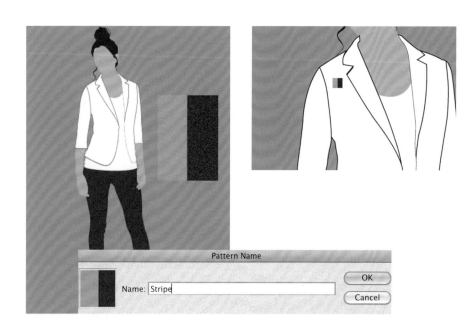

步骤 8

若选择要应用图案的区域,请使用"魔棒"工具在该图案区域之外进行选择。
选择 → 反选。
创建图案,请选择
编辑 → 设置图案。
给图案命名并单击"确定"按钮。

步骤 9

创建一个新图层，在想要填充条纹的部位画一个方形选框。
编辑 → 填充 → 图案。
找到条纹图案并降低图层的不透明度以凸显服装。

步骤 10

操作时需要让条纹贴合衣服每个部位的轮廓。
请使用"自由变换"工具执行此操作。选择**编辑 → 变换 → 旋转**旋转条纹图案贴合服装的方向。选择**编辑 → 变换 → 翘曲**将在图案周围添加一个网格。可以将网格变形以贴合衣服的轮廓。

步骤 11

返回到插图层，用"魔棒"工具选择正在操作的衣服部分。请转到图案填充层。
编辑 → 复制。
编辑 → 粘贴。
关闭图案填充层。图案将填充在衣服部分。在衣服的每个部分重复步骤8～步骤10。

第五章
数字工艺

数字工艺

进入 21 世纪，新技术瞬息万变，日新月异，正在影响我们生活的各个方面。"数字时代"中的技术已然成为时代的第二天性。植根于传统流程的设计师已无法忽视技术的重要性。有的设计师认为将新的数字方法引入他们的工作是一项挑战，有的设计师则强烈维护自己的传统和工艺。

本章探讨设计师在使用新技术时是否能够保持其作品的"手工"品质。本章的第一部分"新旧结合"探讨设计师如何寻找方法将传统的手工工艺重新引入自己的作品中。第二部分"台式数字纺织品"探讨设计师如何利用台式印刷的即时性和实用方法来创造新的传统手工艺品。数字设计和印花开发的新技能是否应被视为一种新的手工艺，而不仅是一种机械加工过程？你可自行判断。但是从本章展示的大量作品中可以明显看出运用新技术进行创造的潜力。

新旧结合

虚拟环境中机械输出作品带来的弊端就是：创作者担心作品失去个性。纺织品设计师需要与布料保持实体上的联系。在数字环境下，这种联系会变得更加紧密。

许多设计师对数字印刷的"单调"结果感到失望，因为传统印刷方法产生的外观和触觉效果通常会丧失。对于某些人来说，不费力地按下按钮打印似乎太容易了，而数字打印速度很快，这几乎迫使从业人员认为在织物上进行大量工作以降速。因此，一些设计师正在寻找方法，通过物理干预（如套印和修饰）在织物的创作以及织物本身中恢复触觉特性。

上图：克拉拉·维莱蒂奇（Clara Vuletich）扫描老式的拼布碎片并将其数字打印在棉织物/麻织物上，从而保留和增强传统纺织品的效果。

右图：克莱尔·坎宁（Claire Canning）将拼贴的数字印刷品整合到博柏利（Burberry）雨衣外套上。

数字印刷品看起来很平淡，但是一旦将织物制成服装，它就会重新焕发活力。克莱尔·坎宁将传统的丝网印刷和数字技术相结合进行了实验，通过分层、拼贴、黏合和切割来增加作品层次感。数字印刷可以实现丰富的摄影品质，以生动有趣的故事诠释了克莱尔的作品。

上图：雪莉·戈德史密斯（Shelly Goldsmith）在她的概念衬衫"海边的发现"（Found by the Sea, 2009）中使用了染料升华法，将自然历史博物馆植物标本室收集的植物样本压在一件翻新的衣服内饰上。

左图：梅勒妮·鲍尔斯（Melanie Bowles）和莎拉·丹尼斯（Sarah Dennis）通过扫描并数字打印出一件复古壁纸样品，然后在亚麻布上点缀刺绣，制作出了"壁纸连衣裙"。

多米尼克·德沃克斯（Dominique Devaux）受珠宝和古董的启发，创作了大量的数字印刷品。她为作品添加了金属箔，使作品具有质感和光感。

本章着眼于一系列技术，结合数字印花，将设计师与面料重新整合，以创造美丽和创新的外观。从丝网印花法（如烧花、拔染印花、植绒、箔纸和层压）到染料技术（如扎染），再到织物处理、装饰和刺绣，不一而足。由于数字印花的成本问题，直到最近，时装设计师和纺织品艺术家才开始探索其中的一些技术。

但是，现在许多成熟的艺术机构都拥有数字纺织品印花设施，高等院校正在涌现大量的实验纺织品作品，而且少数专业设计师也正在采用这种新兴技术。这些工作大部分是试验性的，还处于开发的早期阶段，但是本章中的示例展现了其可以实现的丰富效果。

手绘和数字印花

　　手工绘画或直接在织物上绘画是增加数字印花深度的最直接方法。由于数字印花过于简单，该技术有时会被忽略，但其自发性可以弥补数字印花的机械过程，并使设计更具个性化。有多种画笔均可产生良好效果，包括闪光笔、珠光笔和发泡印花笔。

佐伊·巴克（Zoe Barker）扫描了美丽的花卉画，然后将它们以数字方式打印在丝绸上，同时她用手工在织物上绘画，为作品增加了一层设计感。

多米尼克·德沃克斯的作品集"异国天堂"（Exotic Paradise）的设计出于她对具有异国情调的鸟类和乌拉尔人的热爱，并受到她在加勒比度过的童年时代启发。多米尼克用手绘的铝箔闪光点缀了织物，创造了光线和反射效果，使数字印花栩栩如生。鲜艳的丝绸带给人以现代感和异国情调，珠宝图片和服装上缝制的真实珠宝珠联璧合，又增添了层次感。该数字设计方法高效、细腻且感性。

丝网印花和数字印花

丝网印刷是将数字印刷与传统印刷技术相结合的快速方法。使用丝网将颜色定位在设计中。丝网印刷的化学配方有几种,最适合与数字印刷结合使用的化学配方有:颜料印刷、脱模、喷墨印刷以及用于植绒和压箔的黏合剂。丝网印刷不仅必须与设计协调一致,而且必须在织物和印刷质量的限制范围内。想要获得理想的结果,可能需要进行大量测试,并且需要对印刷技术有充分的了解,以及对所涉及的健康问题和安全问题有所认知。

本例中,Emamoke Ukeleghe 将具有手绘图案的设计作品数字印刷在棉布上,然后使用丝网印刷方法在桃色颜料上套印。

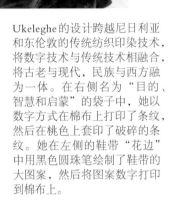

Ukeleghe 的设计跨越尼日利亚和东伦敦的传统纺织印染技术,将数字技术与传统技术相融合,将古老与现代,民族与西方融为一体。在右侧名为"目的、智慧和启蒙"的袋子中,她以数字方式在棉布上打印了条纹,然后在桃色上套印了破碎的条纹。她在左侧的鞋带"花边"中用黑色圆珠笔绘制了鞋带的大图案,然后将图案数字打印到棉布上。

Ukeleghe 在其纺织品系列"归属"中将数字印花与颜料丝网印花结合使用。她的灵感来自与流离失所有关的问题,每件作品都讲述一个故事。她将圆形图案数字印刷在棉布上,然后用蓝色和白色颜料套印。她通过家庭成员的照片,将个人记忆融入了自己的作品中。

烧花和数字印花

在烧花工艺印刷中，将化学浆料粘贴到混合的纤维素—蛋白质织物上。加热时，糊剂会烧掉其中一种纤维，留下透明区域。许多数字印刷公司专门为烧花工艺提供预处理的织物，如丝绸/黏胶织成的缎子和丝绸、黏胶天鹅绒。数字印花完成后，通过手工或丝网印刷将化学糊剂涂在织物上要烧掉的区域。使用加热工艺将图案区域烧掉，露出织物的半透明区域。烧花过程虽然既耗时又费力，但效果惊艳。由于在此过程中使用了强力化学物质，因此应谨慎处理，并遵循安全指南。

面料经过烧花工艺处理后，就会显示出面料的底色。该区域可以通过交叉染色方式在面料上重新染色。交叉染色在烧花工艺中效果很好，因为颜色可以在尚未被烧掉的纤维上凸显出来。如果使用丝网进行烧花粘贴，则可以使用同一丝网进行交染。

路易莎－克莱尔·费尔南德斯（Louisa－Claire Fernandes）的家具系列"最简单的复杂"令人印象深刻，该系列结合了数字和丝网印刷技术。首先，她创建了数字印刷品，并以此为背景应用了其他技术。烧花印刷的大量应用为她的作品带来了奢华的品质。她还通过扫描在手绘纸上的方式创造了浸染效果。其作品彰显了机械和手工工艺的结合，"新面料"高级定制家具系列由此诞生。

烧花浆料丝网已印刷到数字印刷品上。浆料干燥后，可用熨斗或热压机加热以烧掉黏胶并留下透明的织物。

路易莎-克莱尔·费尔南德斯将设计大面积数字化地印刷在真丝/黏胶混合织物上。烧花区域采用蓝绿色交染。

数字印花中的锡箔装饰和植绒

设计师通常选择在数字印刷品上进行锡箔装饰和植绒以凸显美化设计。这两种方法不像探索性更强的烧花和拔染印花那样冒险，也不如其费时和复杂。锡箔会给织物带来高光并增加闪光感，织物移动时更为明显。植绒使织物表面具有美丽的凸起纹理，这正是数字印花所缺乏的。

金属箔具有多种珠宝色以及铜、金和银等金属色效果，箔可以从工艺品供应商处以薄片形式购买。五彩全息箔也可买到。

贴箔过程如下：先将水性或溶剂型黏合剂通过筛网或手绘的方式固定在织物上，然后将一片片箔片粘贴到黏合剂上。用熨斗或热压机加热，当箔片冷却后，可将片材剥离去除，留下箔片装饰。

小面积的锡箔可以用于数字印花中，其效果是凸显该区域，使粘锡箔处闪闪发光。当织物移动时，你也可以看到一个个清晰的"锡箔"片在织物上创造哑光和闪亮的区域。因此要仔细考虑在哪里应用锡箔，使锡箔与设计结合的浑然天成。

传统中植绒的凸起"天鹅绒"效果让人联想到装饰墙纸。现在，它也适用于时尚面料，可以增加奢华感。植绒可以卷装购买，附在衬纸上，一般是白色，也可以用染料手工上色。植绒纸可以在 Mimaki 数字印花机上进行数字印花，但织物印花仍待进一步实验。

和贴箔类似，将植绒纸（植绒面朝下）放置在黏合区域上，使用熨斗或热压机加热，冷却后，将衬纸剥开，露出植绒区域。

阿米莉亚·穆林斯（Amelia Mullins）大胆运用了醒目的金色锡箔来装饰她的数字印花真丝连衣裙。

夏洛特·阿诺德（Charlotte Arnold）通过在数字印花的丝绸上打印数字植绒花纹来创造迷人的外观效果，创造一种兼具图片、光线和质地感的"新颖"面料。

艾米莉·豪斯（Emily
House）将"迷宫造
型"图案设计用数字
打印到棉府绸上，然
后进行塑料胶合并加
反光饰条。

马修·威廉姆森（Mat-
thew Williamson）的
2005春夏系列的"彩虹
连衣裙"采用数字印花
雪纺，并饰有金属箔片。

乔治娜·帕潘德里欧
（Georgina Papandreou）
在她的几何数字印花上
涂上箔纸，形成一种断
裂的3D光照效果，其与
印花设计和织物外观相
得益彰，创造出一种丰
富的质感。

理查德 · 韦斯顿
（RICHARD WESTON）

卡迪夫大学的建筑学教授、作家和建筑师理查德·韦斯顿出于对收集美丽的宝石、矿物和化石的热爱到从事数字纺织品设计。韦斯顿通过高分辨率扫描他的矿物收藏品，捕捉到非凡的图案和颜色。"颜色在矿物质中的作用，一是表达颜色效果，二是表达光学效果，由于吸收和反射模式的不同，同一块石头的扫描图会截然不同，你甚至不会相信它们来自相同的矿物。"在 Photoshop 中放大并修饰扫描图像可以放大原始的自然形态，增强其效果。

一个朋友告诉韦斯顿，可以用数字技术把矿物的图像打印到织物上。韦斯顿由此开始了他意想不到的旅程。他通过数字纺织品印花进入时尚世界，把爱好转变成一系列豪华围巾。

韦斯顿带着他的数字印花围巾参加了在伦敦著名的奢侈品百货店——自由店（Liberty）举办的两年一度的"英伦精选"公开征集活动。活动中邀请设计者向世界顶级买家展示他们的作品，征集活动为他们提供千载难逢在自由店销售的机会。2010 年 2 月一个寒冷的早晨，韦斯顿参加了公开征集活动。纽约顶级买家埃德·伯斯特（Ed Burstell）当时刚成为商店的客户，他很快便发现了韦斯顿对产品的激情和投入，于是韦斯顿开始了从业余爱好者到畅销设计师的旅程。Maverick 电视公司也参加了这次公开征集活动，他们在 BBC2 真人秀节目《英国的下一件大事》（*Britain's Next Big Thing*）的一集中记录了韦斯顿"矿物围巾"的奇幻之旅。

韦斯顿的设计由意大利科莫最好的丝绸数字印刷商以数字方式印刷在最好的丝绸上，保持了原始矿石的美感。丝绸的边缘用"机器手工轧制"。在获得自由店的订单后，韦斯顿于 2010 年 6 月推出了他的第一个设计系列。他富有活力的"矿石围巾"现在是自由店著名围巾专柜的畅销品，并与亚历山大·麦昆（Alexander McQueen）、克里斯托弗尔·凯恩（Christopher Kane）、乔纳森·桑德斯（Jonathan Saunders）的设计一起展示。

韦斯顿的围巾设计案例说明数字印刷能为设计提供宽泛的可能性。业余爱好者对自然形态的热情和热爱能够转化为精美产品。

理查德·韦斯顿出于对收集珍贵矿物和化石的兴趣，开启了数字纺织品设计之旅。

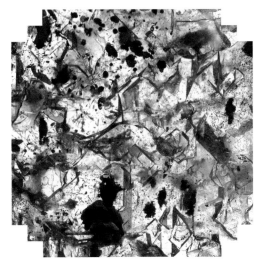

韦斯顿首先对矿物质样品进行
高质量扫描，随后他用几个小
时的时间使用Photoshop修饰
图像，以增强每块石头的卓越
品质。

最优质的数字印花可以保留原
始矿物的美丽色彩和细节。

韦斯顿将自然之美转化为他的
"矿物围巾"系列，该系列在
伦敦著名的奢侈品百货店——
自由店与其他知名设计师的围
巾一起展出。

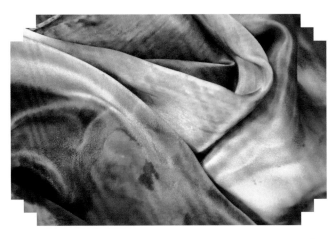

防染数字印花

防染技术——如扎染、蜡染和 Shibori——是最古老的纺织品染色技术。它们在世界各地都有使用，仍然吸引着当今许多艺术家和设计师。

Shibori 是扎染、针染、叠染和杆状包染技术的日语统称，这种纺织工艺在世界各地已经使用了几个世纪。它起源于中国，后来传播到非洲、中东和印度，至今仍在使用。扎染涵盖简单的防染技术，甚至在建立复杂颜色层的方面具有先进性。利用扎染技术，不仅可以创建二维图案，还可以创建三维设计，通过折叠和包裹在布料中形成防染区域。

在扎染布的制造过程中总是会出现令人惊讶的元素，助其更加魔幻，更加流行，并可中和数字印花的机械感。

梅兰妮·鲍尔斯（Melanie
Bowles）成功运用了数字扎
染。她使用Illustrator将传统
的扎染效果转化为数学几何
效果。

乔安娜·福尔斯（Joanna
Fowles）以传统方式手工
制作了这种扎染块，在
Photoshop中对其进行了
处理，然后将其数字印刷
在丝绸上。

刺绣、点缀和数字印花

近年来，针织、钩编和刺绣等传统工艺出现市场复兴。在一个以科技为主导的世界里，许多人享受回归传统工艺、手工创作服装和配饰的乐趣。与此同时，复古服装和装饰物的潮流也重新兴起，这也促使设计师们重新审视手工工艺或机器缝纫的传统技术，为自己的设计增添趣味、价值和个性风格。

如今，设计师们将传统的刺绣和点缀技术与数字印花相结合，为自己的纺织品设计添加了"手工制作"的元素。如果精心选择并加以运用，这两种技术可以相得益彰。

艾玛·兰普顿（Emma Rampton）的纺织品系列"第二次机会"由多功能服装组成，旨在通过设计获得重生。她鼓励穿着者定制服装并与之互动。她以家庭生活中的现代和传统意象为创作素材，将新技术与传统缝纫技术相结合，重新融入面料中。

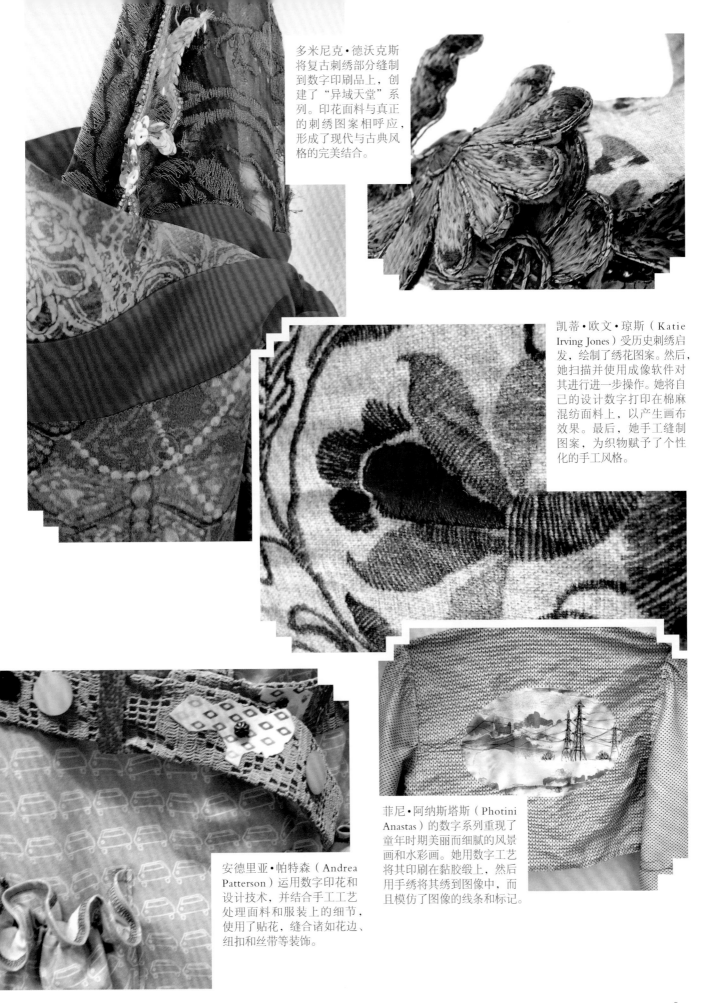

多米尼克·德沃克斯将复古刺绣部分缝制到数字印刷品上，创建了"异域天堂"系列。印花面料与真正的刺绣图案相呼应，形成了现代与古典风格的完美结合。

凯蒂·欧文·琼斯（Katie Irving Jones）受历史刺绣启发，绘制了绣花图案。然后，她扫描并使用成像软件对其进行进一步操作。她将自己的设计数字打印在棉麻混纺面料上，以产生画布效果。最后，她手工缝制图案，为织物赋予了个性化的手工风格。

菲尼·阿纳斯塔斯（Photini Anastas）的数字系列重现了童年时期美丽而细腻的风景画和水彩画。她用数字工艺将其印刷在黏胶缎上，然后用手绣将其绣到图像中，而且模仿了图像的线条和标记。

安德里亚·帕特森（Andrea Patterson）运用数字印花和设计技术，并结合手工工艺处理面料和服装上的细节，使用了贴花，缝合诸如花边、纽扣和丝带等装饰。

设计师简介

海伦 · 艾米 · 默里
（HELEN AMY MURRAY）

英国纺织品设计师海伦·艾米·默里是一颗冉冉升起的新星，她创造了美丽、奢华的室内和墙面纺织品。默里毕业于伦敦切尔西艺术设计学院。2003年，她赢得了著名的Oxo标致设计奖，以及国家科学、技术和艺术基金会 (NESTA) 颁发的创新奖。她随后成立了自己的品牌 HelenAmyMurray，现已在国际上展出她的作品。

在切尔西，默里热衷于在各种织物（如丝绸、皮革和绒面革）上创建三维外观表面效果。此后，她开发了一种因其独特的手工构造而享誉国际的技术。她解释说："我就喜欢处理面料，使用创新技术，精美的奢华材料和设计为高端市场打造高级时装。" 默里的灵感来自自然形态。她运用独特的技术从自然形态中创造出复杂的图案结构。其作品具有强烈的图形外观，其创新工艺创造出精致的三维面料。这些作品源于她对织物的热爱，因此，当她决定大胆探索数字设计时，她发现了一种全新的工作方式。她说："起初，我在虚拟环境中工作时感到紧张，因为这里的面料看不见、摸不着，我感到自己正在进入未知领域。但是，一旦我应用新技术完成了设计和数字印花的过程，我就能发现它给我的作品带来的改变。我喜欢数字印刷带来的精妙色彩以及图案和形状的层次感，这让我可以处理更加复杂和奇幻的图像，以全新的方式诠释了我的作品。"

默里对纺织品的处理高度个性化且感性，她的作品在保持其美学价值的基础上得以发展。她将数字印花与自己的裁剪技术很好地融合在一起，从而成功地创造了一种真正的 "数字化" 纺织品。

在2005年的作品"艺术装饰椅，阳光下的双头鸟"，默里将数字印花作品融入了她的雕塑皮革面料中，然后将其装饰到古典艺术装饰椅上。她扫描了手绘的奇异鹤图像，然后用成像软件对其进行了调整，并在绉缎上进行数字印花，小心在皮革表面贴花，最后进行切割。她采用复杂的渐变色彩在绉缎上进行数字印花，既增加了深度，又增加了动感。

"鸟语花香"（2005）是一部雄心勃勃的艺术作品。最初，默里使用成像软件对她的设计进行了调整，加入了色彩混合和渐变，然后用数字技术打印了艺术品。她用切割工具重新绘制设计，创造出雕塑般的 3D 效果。她赋予这件作品更多的细节，包括清晰度、阴影、运动感和深度。最后，她用木料制作的相框把它镶在里面，上面盖着有箔的皮革。

数字织物的预处理

　　所有用于数字印花的织物在使用前都必须经过预处理。伦敦切尔西艺术与设计学院的纺织品环境设计（TED）项目着眼于环保纺织品的设计，并提供了一个以设计师为中心的解决方案工具箱。TED提供的部分资源研究了有机织物，如有机棉、亚麻和大麻的涂层，使其合适数字印花。这些布料是由一家数字印花公司专门处理的。梅勒妮·鲍尔斯（Melanie Bowles）创建了一个"材料附件"系列，可用于麻/丝混合织物的数字印花，实现丰富而充满活力的色彩。有机麻/丝的使用标志着一种新的数字印花织物的诞生，该织物表面精美，光泽微妙。

梅勒妮·鲍尔斯在"物质依恋"系列的设计中从历史纺织品中汲取了灵感。2007年，切尔西艺术与设计学院举办了一个名为《永远与重现》（Ever&Again）的展览，展示了这一系列的设计。梅勒妮为一件心爱的外套重新设计里衬，使用了数字印花有机麻/丝混纺面料，使之重获新生。

复古织物的数字印花

　　2004年，伦敦时装学院的尼基·吉尔林（Nicky Gearing）和黛比·斯塔克（Debbie Stack）与澳大利亚昆士兰科技大学创意产业学院进行了一项国际研究项目，他们对预处理过程进行了实验，对昆士兰国家信托基金捐赠的19世纪和20世纪复古服装进行了重新设计。传动和堆栈设备将预处理浆料——由碳酸钠、藻酸钠和尿素组成使用丝网打印到一块原始维多利亚花缎上。复古织物的吸墨性能良好，耐汽洗后处理性能良好。他们在各种织物上制作了一系列有趣的样品，将放电和丝网印刷技术与数字印刷结合在一起。在预处理之前，他们对织物进行数字刺绣，并在印刷后作为最后的装饰，以创造出丰富的表面质感。该项目发现一些通常不用于数字印花的织物具有进行预处理的潜力。

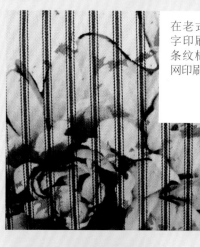

在老式锦缎上进行数字印刷，贴在传统的条纹棉布上，并与丝网印刷相结合。

在染色的条纹棉布织物上进行数字印花，与拔染印花相结合。

台式数字纺织品

大规模生产和消费的兴起掀起了手工技艺的热潮，现在越来越多的人对 DIY❶ 设计和制造感兴趣。业余爱好者正在寻找独特的方式来定制自己的产品，使产品个性化——不仅适用于家庭艺术中，而且还应用于图形设计、新闻和出版等领域。

DIY 已经不再是训练有素的图形设计师的专长。任何人都可以自己创建图形，如名片、徽标、鼠标垫、贺卡和简单的网站。影像软件可以作为设计工具，供所有人使用，台式打印机已发展成为用于各种图形材料印刷生产的重要方法。如今，手工技艺爱好者正在使用喷墨转印和热升华印刷等实用数字技术，这些技术的应用范围逐渐扩展到纺织品领域中。

安德里亚·帕特森（Andrea Patterson）将自己的设计打印在不透明的转移纸上，然后将其应用到成对比色的棉布上。不透明转移纸的立体感增加了织物质感，与粗糙的天然棉布形成对比。

凯瑟琳·弗雷-史密斯（Catherine Frere-Smith）在她的作品集"旧农舍"中采用了面料组合，她的设计可以制成服装或布房子。

❶ DIY 是 "Do It yourself" 的英文缩写，意思是自己动手制作。

喷墨转印

佐伊•巴克（Zoe Barker）使用喷墨转移方法为她的儿童系列"第二生命"创立复杂面料。她鼓励孩子们通过她的"定制工具包"来与服装互动，欣赏它们的价值，其中包括图案、徽章、纽扣和丝带，这些都可以添加到个性化的服装中。

喷墨打印到织物上最简单、最直接的方法是将喷墨转印纸通过打印机，然后在熨斗或热压机的热压下，转印纸上的图案热压到织物上。喷墨转印纸是一种特殊的经过聚合物处理的纸，这种纸可以用作 T 恤衫图案转印纸。转印纸从文具和计算机供应商处可买到，它适用于水性油墨。过去，纸张给织物留下了不自然的呆板印象，现在则可以实现更柔和的效果。它在白色或浅色织物上效果最佳，也可以使用不透明的纸，在深色织物上使用，但还会有些许人造感。

大多数台式打印机都能完成这种简单的打印，业余手工艺品制作和业余爱好领域的 DIY 设计和打印由此进入飞速发展期。成人和儿童都喜欢使用这种实用且即时的方法将图像打印到鼠标垫、拼图、杯垫和衣服上。

在手工艺爱好者中，被面图案设计者最能将这种打印方法的创造性发挥到极致。在织物上应用无毒的化学配方能使图像更加牢固。首先将织物浸入溶液中，待干燥后将其熨烫在冷冻纸上，然后将织物送入打印机。设计者需要使用少量样品大小的织物，利用喷墨转印技术，创建许多单独的设计，并融合到作品中。此外，从传统上来看，被面是一种珍贵的手工艺品，可代代相传。手工艺者通过这项新技术，可以在作品中应用摄影图像，让被面的设计更加个性化，增加手工艺品的美观性。

纺织品艺术家雪莉•戈德史密斯（Shelly Goldsmith）在她的"支离破碎的铃铛"（对页，下图）中使用的钟形连衣裙，是由辛辛那提儿童之家的员工手工缝制的。这件作品的全景图片的主题为自然灾害——龙卷风。戈德史密斯对照片进行数字化处理，对图像的平面进行分割，以模拟家庭景观的实际分割。

爱丽丝•波特（Alice Potter）喜欢看到自己的设计通过喷墨打印机迅速从素描转换成织物。她制作了一些小的织物样品，然后将它们拼接在一起，制成拼接品，比如这件名为"梦中的嬉戏"的作品。

戈德史密斯使用回收的洗礼礼服创造"洗礼"（对页，左上图）。这件礼服参考了洗礼仪式中水的使用，同时也解释了这些礼服如何流传下来，多年重复使用。就像作品"支离破碎的钟声"一样，这件礼服呈现了自然灾害的意象，并提出了这样一个观点：布料保留了一种无法抹去的记忆。这件礼服用数字调整的摄影技术进行了转移印刷和精心拼接，创造出一种全景服装效果。

由萨拉·拉穆西亚斯（Sara Lamusias）设计的森林风限量版奥多里塔比袜采用转移印花技术。塔比袜是日本的传统袜子，可在家中穿着或与凉鞋一起穿着。这些照片拼贴设计被转移打印到棉袜上。

纺织艺术家雪莉·戈德史密斯（Shelly Goldsmith）使用台式打印机以数字方式在转移纸上创造出她那动人心扉的纺织作品。她小心翼翼地把自己的照片手工拼接在一起，然后把它们熨烫到脆弱的再生服装上，通过拼贴图像使作品保持了手工艺品的质量。

热转印

热转印是一种多用途的印花方法，使用分散染料在聚酯纤维织物上进行印花。热转印可用于大幅面打印机和台式打印机，广泛应用于市场营销业，可印刷珠宝、地垫、大理石、瓷砖或马克杯、滑板、围裙及其他服饰等产品。大多数使用这种工艺印刷的产品设计粗糙，在精细化设计方面有巨大发展空间。热转印以其生动的色彩实现了美丽迷人的照相写实主义效果，因而许多设计师正在探索这种印刷方法。

织物商店可以买到各种聚酯纤维面料，从新奇的布料、缎面到金属色羊绒，从弹力针织物到莱卡，应有尽有。这些织物的价格适中，纺织设计师可以尽情做实验。由于聚酯纤维面料颜色鲜艳、清晰，因此可以实现一些奇妙的效果。

在纺织工业中，热转印主要用于运动服和泳装的印花。但是事实证明，台式打印系统价格可以接受。目前许多纺织品设计师、工作室和教育机构都在探索升华印花是否可能用于各种聚酯纤维面料上。聚酯纤维面料的选择范围从埃尔特克斯网眼织物、涤纶网格、金银丝织物、缎面、莱卡、欧根纱和羊毛，到一系列新颖的织物。它们所含聚酯的百分比越高（最好是超过60%），效果越好。最好测试一下织物，因为许多织物没有说明它们所含聚酯的比例。

过去，穿着聚酯纤维面料缺乏舒适感，聚酯纤维面料也缺乏天然织物的品质。但是最近，许多制造商研发出新的工艺，从而生产出柔软、舒适透气的聚酯纤维面料。聚酯纤维面料很便宜，设计师可以自由尝试这种实用方法来创造新的印刷效果。时尚界对创意实现的即时性要求很高，采用这种方法可以立即生产样品，从而紧跟时尚行业不断发展的步伐。

泰娜•莱赫蒂宁（Taina Lehtinen）的手提包系列是利用升华印花在人造仿鹿皮上制造的，体现了这种工艺所能达到的摄影质量。

切特纳•普贾帕提（Chetna Prajapati）在她前卫街头用品系列"一个部落，一种风格"中拓展了升华印花的应用范围。她在各种聚酯纤维面料上印花，将它们组合在一起制成服装。其色彩质量和清晰度非常高，有些颜色看起来很有光泽。金属聚酯纤维面料增加了几何图形的设计。

普贾帕提还利用升华印花创造了漂亮的褶皱面料。她使用染料升华技术打印出金属聚酯纤维面料，然后使用打褶模板将织物热压成型。

维多利亚·柯林斯（Victoria Collins）在将聚酯纤维面料进行黏合创建新表面之前，要测试氯丁橡胶和莱卡等各种面料聚酯纤维的含量。她的素描本展示了测试不同面料的重要性。她发现大多数面料需要在180°C的温度下热压60S，但是处理尼龙时必须小心，因为尼龙在热压下会迅速熔化。

Temitope Tijani利用升华印花技术将设计转移到塑料上，创造了令人惊叹的几何配饰系列。

丽贝卡 · 厄利
（REBECCA EARLEY）

丽贝卡·厄利是伦敦切尔西艺术设计学院纺织品环境设计讲师。她是一位屡获殊荣的时装纺织品设计师，拥有自主品牌 B.Earley。她于 1995 年创立该品牌，得到了手工艺委员会和王子信托基金的支持。她是一名以实践为基础的设计研究员，工作涵盖了一系列与设计相关的活动，包括为自己的品牌生产数字印花纺织品，从事公共艺术项目和委员会工作，扮演了教育者、服务商和策展人多个角色。

厄利于 1994 年毕业于中央圣马丁学院（Central Saint Martins），她的毕业作品系列被公认为具有开创性。她率先使用的热像打印技术自此成为行业标准方法。

厄利的系列作品证明了设计师能熟练运用数字技术和手工技术。她的作品保留了热照相工艺作品的原始手工外观，运用热照相工艺将分散染料直接涂在转移纸上，即将实物直接涂在纸上，加热后将图像转移到聚酯纤维面料上。之后，她进行数字化工作，扫描原始照片，然后用成像软件重新排列。她可以任意改变作品尺寸，随意构图，自由开展实验。她的设计是通过热转印在台式打印机上打印出来的。

在这里展示的系列作品中，衬衫是受到传统英国园艺服装和古老园林艺术品的启发而设计的，并用缝合和褶皱细节进行了精心美化。厄利将数字技术作为一种工具融入了她的创作中。

1998 年，厄利出于对环保的考虑，分析了自己工作室的设计和生产实践。随后，她开发了一种排气印花技术，该技术生产的手印纺织品不产生水污染，而且化学制剂用量很少。她继续研究纺织品设计的新技术和方法，并参与了多个项目，包括伊甸园项目中的"天然靛蓝"设计；手工艺品委员会画廊举行的生态时尚展览——"时尚前沿"；由艺术与人文研究委员会资助的为期三年的项目"一次又一次：重新思考再生纺织品"；聚酯纤维面料衬衫长期回收项目"100 强"。

2002 年，厄利加入了纺织品环境设计 (TED) 项目，这是一个研究项目，教职员和学生在各个项目中进行合作。这个独特的研究集群旨在探索设计师在纺织品更环保生产方面所能发挥的作用。TED 将设计师而不是制造商或消费者置于中心地位，因为"任何产品的总生命周期成本（环境和经济）的 80%~90% 是由产品在生产开始之前的设计决定的"（"或多或少"设计委员会报道，1998）。

TED 提出了一系列环保原则和战略，包括尽量减少浪费；减少有害物质、能源和水的使用；利用新的环保技术；设计支持纺织品的系统和服务；创造耐久或一次性纺织品。社会文化意识以及对环境的关注成倍增长。无论是从国内还是国际上来说，厄利和 TED 在创造和促进生态纺织品设计发展方面都发挥了关键作用。

丽贝卡·厄利的"100强（2002~2008）"以热像照片打印为特色。

厄利的"数字摄影拼贴画"先在织物上使用热摄影打印，然后对织物进行数字扫描处理和数字打印。

左图："别针打印图"（1995年），热像图。

中图和右图："敏锐的园丁"（2007年）将数字和热转印与手绘转移技术结合在一起。

第六章
纺织品数字
印花技术

数字喷墨印刷在业界变得日益重要,无论是作为"采样"印刷设计的机制,还是作为一种完整的生产工具,数字打印几乎可以打印任何质量的图像,但是它确实有其局限性,本章对此进行了概述。然而重要的是,我们要认识到印刷过程本身正是人们在纺织品设计中看到的许多视觉"语言"或样式的原因,了解其所涉及的技术是欣赏作品的关键。掌握这些知识可以让我们更好地控制最终结果,并具有创造顶级作品的能力。本章首先总结了纺织品印花的传统技术,然后详细探讨了纺织品数字印花技术。

传统印花技术

要更好地理解、使用数字纺织品印花的优势,对于了解传统印花技术很重要。纺织品印花(以及其他介质)的大多数传统方法都是采用模板,将设计转移到基材上。以下描述的技术,解释了传统纺织品印花技术的基本类别。

凸版印刷: 把图案雕刻在木头或其他材料上,如木版印刷。

凹印或凹版印刷: 通常是在金属表面上刻痕的过程,如铜版印刷。

模板印刷: 一种正/负版印刷方法,如圆网印刷和手工丝网印刷。

热传递: 用热把染料从纸转移到织物上,如热转印。

照相印刷: 把一幅图像分成四种颜色,即青色、品红色、黄色和黑色(CMYK),然后以一系列小点印出来,如四色印刷。

木版印刷

木版印花是一种古老的将图像印到织物上的方法。它通常与木版印刷有关,也可用金属或硬木板刻成图案后固定于木版上。图案被雕刻到木材中,创造浮雕设计,然后被压入着色剂。留在木版表面的油墨通过压力转移到织物上。木版印花包括简单的只使用一种颜色的小图案印花以及复杂的木版印刷,印花工人操作起来需要耐力和技巧,需要使用针标根据木版的重复次数进行登记。这是19世纪英国印花纺织品设计的主要流程。

乔伊斯·克利索德(Joyce Clissold)在丝绸绉纱和亚麻上的木版印刷(1930~1950年),以及制作印花的原始木版。

凹版印刷

凹版印刷是18世纪中叶在欧洲首次出现的一种方法。首先，将雕刻有图像的金属板切成一块（通常是铜板），并将染料涂在整个表面上，然后刮板，将染料留在切割线内。这样就可以利用压力将图案转移到布料上。线性标记和交叉阴影线技巧由此在纺织行业内得以发展，最著名的例子就是"约依印花"（toile de Jouy）。这种印花工艺产生了一种独特的视觉语言，甚至在当代纺织品设计中也经常使用。

凹版印刷的"约依印花"纺织品，来自伦敦维多利亚与艾尔伯特博物馆。

雕刻滚筒印刷

随着18世纪和19世纪人们对机械化的兴趣与日俱增，金属板最终变成了金属滚筒。印刷速度因此加快，设计转移到金属上的新工艺也得以实现，颜色的使用更多样化，设计也更加多元化。半色调处理、连续色调或颜色的处理技术进一步扩大了可以打印的图像范围。

正负形纸版印刷模板及其相应的印花作品示例。

模板印刷

丝网印刷的工作原理是使用模板和正、负图像。模板印刷中，图像中发现的每一种颜色被分为正或负图像，由颜色边界界定。孔由每个形状的区域所界定，在薄基底中挖出，如金属片或蜡纸，然后通过薄基底添加着色剂；其他颜色被遮蔽。在日本，模板仍然被用来创造令人难以置信的复杂设计，比如和服印花。

手工丝网印刷

丝网是通过在框架上拉伸一个细的、多孔的网眼而制成的。它通过遮蔽图案中不会被印刷的区域，为每种颜色留下可以填充的区域，用橡皮刮刀将墨水推过，从而勾勒出图案。已经被转移到丝网上的图像也可以被设置为重复装饰图案。

使用光化学技术，将模板置于已涂有光敏乳剂的丝网上，增加了可以精确复制的范围。应用这种技术，艺术品可以复制到透明胶片上（每种颜色一张），这样每种颜色被分离为包含从黑色到浅灰的渐变色调的灰阶，使得每一种着色剂产生一系列的深浅效果。然后，将该透明胶片对着乳剂放置，当乳剂在非图像区域通过暴露于UV光下而变硬时，图像转移。打开丝网中的孔隙，油墨将通过这些孔隙，待印区域中未硬化的乳化液随后会被冲刷掉。

大多数纺织和时装学院为学生提供配备丝网印刷的工作室。丝网可以沿织物规则移动，以创建连续的印刷。

机械化平板丝网印刷

丝网印刷工艺于 1954 年首次实现机械化，当时采用了平板印刷工艺。机械滚筒在扁平的矩形筛网下给织物供料，并使用自动刮刀添加油墨。如今，更先进的平板打印机仍在印刷厂中用于豪华织物的印刷——其设计可包含多达 60 种颜色。平板丝网印刷比旋转丝网印刷要慢得多（请参见下文）。意大利科莫湖地区以一流印花厂而闻名，许多公司将传统的印刷技术和数字技术相结合来生产世界上最豪华的面料。

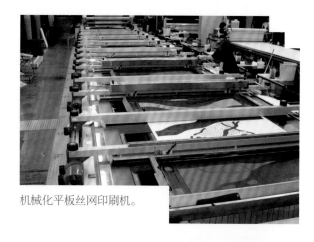

机械化平板丝网印刷机。

旋转丝网印刷

为了加快生产速度，旋转丝网印刷也在 20 世纪 50 年代中期发展起来，是目前使用最广泛的纺织品印花方法，约占纺织品印花产量的 80%。该方法使用的印版滚筒不是纯平的丝网，而是非常细的、增强型的金属网。最初，网孔被阻塞，这需要在丝网上涂上特殊的乳剂，然后使用计算机控制的激光将要打印的区域烧掉。这些圆筒形的丝网随着布料在其下方高速移动而旋转，并通过专门设计的橡胶滚筒将油墨从内部推过网孔，这样，当布料在每个滚筒丝网下方通过时，就可以依次放置单色以建立全彩色图像。旋转丝网印刷的成本明显低于平板丝网印刷。

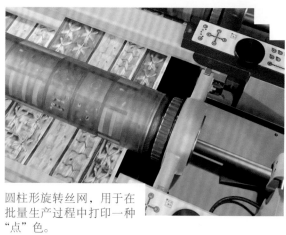

圆柱形旋转丝网，用于在批量生产过程中打印一种"点"色。

全彩色(四色)照相印刷

四色印刷是复印工业中最常用的印刷方法，用于书籍和杂志的印刷，也用于纺织品的热转印法。传统的纺织印花技术使用预混合的平色或"点"色建立图像，而照相或全色印花方法称为"四色"或"工艺印花"，它是指将原始图像分离成四色 (CMYK)，用于减色模型（参见本书第 182 页）。此外，为了制备印版，还需要采用半色调或加网工艺。这可以通过数字或使用照相滤光片来实现，并产生彩色点的图案。这些点的间距是多种多样的，有些是重叠的，以创造出成千上万种颜色的错觉。

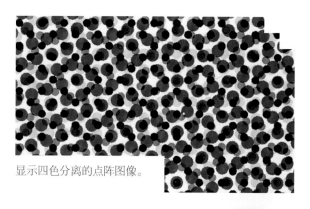

显示四色分离的点阵图像。

这件保罗•史密斯（Paul Smith）夹克的印花，用四色工艺分离出来并打印到纸上，然后直接热转印到织物上。

热转印

热转印技术于20世纪20年代末发明，但到60年代才得以商用。热转印过程是指用转印墨在纸上印刷或制图，再通过加热把图案印刷到某些织物上。热转印有几种方法，但商用最可行的方法是升华印刷。升华过程中固体变成气体，再变成固体。纸张可以用任何纸张打印方法打印，所以可以打印的图像范围也很广泛。虽主要限于合成纤维织物，但在纺织品上复制照片图像已成为可能。

除了这些工业应用方法外，转移油墨可以用油墨样物质直接涂在纸上，然后热转移到织物上，这是一种更自然的方法。

在聚酯纤维面料衬衫上进行非常细致的热成像升华印刷。这款"霍比"（Hobie）夏威夷衬衫是20世纪70年代的典型款式。

传统印刷 VS 数字印刷方法的商业可行性

尽管数字印刷是增长最快的纺织品印刷方法，但在撰写本书时，世界上只有不到1%的纺织品是数字印刷的，丝网印刷仍占全球纺织品印刷产量的80%。这是因为旋转丝网印刷技术在该行业的大众市场领域更具经济上的可行性。

速度

在撰写本书时，数字打印机的行业标准是平均每小时打印速度为200m（220码）以上，传统方法因而具有优势，每小时可完成大约6000延米（6560延码）的织物。然而，尽管传统方法的印刷时间较快，但从打印到进入生产所需的交付周期却要慢得多。例如，让传统纺织印花进入批量生产需要三周时间，而数字化生产几乎是瞬间完成的。这是因为传统的印刷厂需要有人对图案进行分色、管理重复图案、刻网、配色，并在开始生产之前提供打样（样本）供客户审批。使用数字印刷时，仅需进行颜色匹配并进行印刷以供客户审批，从而大幅缩短了交货时间。

费用

旋转丝网印刷需要印刷多种颜色（因为必须为每种颜色准备单独的丝网），这对成本有影响，而数字印刷对于设计中使用三种还是无限种颜色都没有影响。染料墨水和颜料墨水的成本可能会因传统方法而有很大差异，该领域正在开展大量研究。

与染料墨水相比，颜料墨水具有许多优点：耐光性更强，在洗涤后保留更好的颜色，更便宜，可以在更多种类的织物上印刷，并且在固定过程中需要的干预更少。

多功能性

传统印刷方法相对于数字印刷的一个明显优势是能够完成一个以上的工艺，如拔染印刷、抗蚀技术、烧花工艺、植绒、浮雕技术以及金属和珠光颜料印刷。目前数字印刷领域正开展这些方面的研究，但还没有商用。

纺织品数字印花技术

　　"数字印刷"是一个通用术语，用于描述将数字化图像转印到承印物上的所有印刷方法。目前有两种不同类型的数字打印技术。第一种，静电技术（也称激光打印）仅适用于纸张，是彩色复印机和某些办公室打印机使用的技术。第二种，称为喷墨打印，可以分为两类：连续流和按需滴落（DOD）。DOD技术又有两个子类别：热发泡和压电式。压电式DOD喷墨技术是目前纺织品数字印花的主要技术，用于Mimaki（日本品牌）等打印机中。

　　喷墨打印可以定义为一种工艺，通过将预定微阵列（像素）中不同颜色的"墨水"细小滴投射到承印物表面上，从而创建所需的图案。通过使用电磁场将带电的墨流引导到织物上，将墨作为受控的液滴序列投射到表面上。（"墨水"是与数字印刷结合使用的印花原料的通称，指的是染料和颜料。）

　　打印头是实现喷墨打印工艺的装置，它是一种机电设备，其中包含墨水储存装置、进纸系统、墨滴形成装置、喷嘴等。墨水通常由罐或墨盒供应。打印头在整块织物上移动，将墨滴沉积在设定的位置。

喷嘴

加墨系统

导流装置

墨槽

墨水供应

墨滴

基材

图示表达了压电式DOD喷墨技术中使用的打印头的基本工作原理。

数字印刷技术在纺织品中的应用

　　纺织品数字印刷技术是从最初设计用于纸上印刷技术发展而来的，大幅面纺织品打印机本质上是小型台式打印机的较宽版本，适用于处理宽卷基材而不是小纸张。数字印刷现已适用于多种材料，包括天然纤维基材，如棉布、丝绸和羊毛织物，以及聚酯纤维织物、油毡和丽光板。

　　纺织品的喷墨打印有两种方法：间接喷墨热转移打印和直接喷墨打印。下文将对这两种方法进行介绍。

　　纺织品的数字印刷工艺与纸张的数字印刷工艺有所不同，这是因为要使织物可水洗和不褪色需要不同的固着工艺。这意味着织物、染料或颜料与固着剂之间必须发生化学反应，印刷过程不能太直接，需要更多步骤。

诸如Mimaki TX2（下图）类型的短版印刷纺织品打印机于1998年开始普遍使用，并广泛应用于大型印刷厂和小型工作室。罗布斯泰利（Robustelli）（意大利品牌）蒙娜丽莎（上图）类型的量产打印机于2003年首次推出。

间接喷墨 / 热转印

正如本章前文所述，随着热转印技术的发展，任何用传统的图形印刷方法印到纸上的图像都能够转印到织物上。这一工艺在 20 世纪 60 年代至 70 年代开始进行商用，但由于该工艺只能有效地处理合成纤维织物，其应用受到限制。大型数字打印机的发展使转移纸的生产成为可能，承印织物的范围也迅速扩大。

另一应用是不断增长的个性化新奇产品领域，客户的照片被印在包袋、T 恤甚至软家具上。这可以通过使用家庭喷墨打印机影印或打印图像到特殊纸张来实现。

大规模或大批量生产的热转移印花是先用宽幅喷墨打印机将图像打印到纸上，然后用加热滚筒（或压光机）将图像转移到织物上完成的。在转印纸上通过喷墨印花分散染料进行热传递是目前泳装和运动服装印花中使用的主要方法。

在家庭或工作室的小规模生产中，可以购买用于台式喷墨打印机的热转印纸，然后用熨斗或小型热压机把图像转移到面料表面上。 DIY 照片用于 T 恤印花的原理是利用熨斗的热量黏附一个数字打印的塑料层到 T 恤的棉织面料上。使用这种塑料层是必要的，因为染料升华印花对天然纤维不起作用。

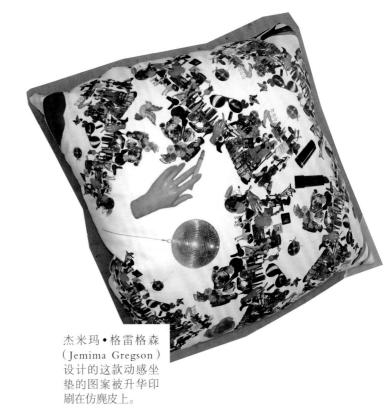

杰米玛•格雷格森（Jemima Gregson）设计的这款动感坐垫的图案被升华印刷在仿麂皮上。

佩特拉•博斯（Petra Boase）的"猫头鹰"儿童 T 恤经过数字化设计，印刷在高质量的转印纸上，并通过热压机进行涂覆。

菲尼•安纳斯塔斯（Photini Anstasi）通过在聚酯雪纺上热转印，获得柔和微妙的摄影效果。

直接喷墨印花工艺

下面的图展示了喷墨纺织品打印的全流程，也展示了将精细的彩色摄影设计打印到织物上的流程。

1.将织物卷装到打印机后面。然后使织物穿过一系列沿着打印机宽度方向延伸的小滚筒，最终将织物送入前端，在打印头横向通过织物表面时务必平稳地送入织物。

2.织物连接着电动滚筒系统，该系统会在打印机运行时自动将织物卷向前移动到打印头下。必须注意织物张力且保持织物平直。有时，织物与棉纸需要交错插入，从而在打印过程中吸干多余的墨水。水平横穿的横杆被向下夹紧，以防止织物在滚筒下方通过时起皱。

3.根据承印物的厚度调节打印头的高度。

4.进行一系列打印机测试，包括"介质补偿"和喷嘴检查。"介质补偿"设置根据织物的拉伸程度来调整打印机的速度，喷嘴测试可显示所有八个打印头是否正确安装。

5.将设计在RIP或print-driver软件打开，输入平铺图案的重复次数和印量长度等参数。打印驱动程序软件还用于设置变量，如打印速度、打印头通过的次数和置墨量。

6.将设计文件通过RIP发送到打印机再开始打印。在开始之前，先将样品打印，蒸煮和洗涤以检查颜色和图像质量。某些织物要求将墨水晾干，然后再进行下一步。

7.有几种蒸煮布的方法。蒸煮平纹细布，可用蒸纸或细的塑料网作屏障，以防止在蒸煮过程中墨水渗入织物自身。无论采取哪种方法，这些多孔材料都与印刷图案交错，形成蒸汽可以通过的保护层。

8.将织物装入蒸锅中，蒸制确定时间以固定颜色需要的时间为准。如果设计采用颜料或分散染料印刷，则这些着色剂是通过加热而不是在烤箱中用蒸汽固定的。

9.洗涤织物，除去涂层和过量的着色剂，然后熨烫。不要在洗衣机中放置过多织物，这非常重要，因为图像可能会相互渗透。

喷墨打印提示

为使喷墨印花顺利完成，必须记住以下几点：

永远不要低估取样的重要性。

印花后的颜色会变亮（除非使用了颜料），而且布料的"手感"会变软——换句话说，如果你觉得你备选的织物太硬，一旦涂层被洗掉并经过熨烫，这种情况就会改变。

如果你打印的是一个初步想法的"草图"，那么在进行最终打印时，关键的一点是，来自样本的最终文件没有任何改变。

为最终印花留出一卷足量的布料，因为相同织物的其他布匹可能会产生略有不同的效果。

未印花织物遮光存放。

务必保持打印机清洁。

未蒸过的织物不得近水。

在一个独立的、通风良好的房间里存放蒸锅。

由戴西·巴特勒（Daisy Butler）设计并由Mimaki TX2打印的花纹面料制成的服装。

着色剂的化学反应与固色

为了使布料在反复洗涤和日晒后能在合理的时间内保持其颜色，织物、染料或颜料以及固色剂之间需要发生化学反应。固色剂是一种附着在纤维表面受体部位上的化学物质，在染料和纤维之间架起化学桥梁。布料印花完成后，通过蒸汽或加热来实现固色。

面料的预处理

在传统的印花方法中，固色剂是混合在染料或颜料中的，而在数字印花中，固色剂是在印花前作为一种特殊的涂层涂在织物上的。涂层的设计也是为了确保当墨滴击中布料表面时不会扩散，从而保持设计的细节，避免模糊不清。这种涂料基本上由用于活性染料的海藻酸盐增稠剂、用于酸性或分散染料的碳水化合物基或合成增稠剂组成。活性染料用的固色剂是碱性苏打粉，而酸性染料用的是弱酸。分散染料不需要固定剂。

你可尝试将涂料混合物丝网印刷到面料上，尝试对某些面料进行喷墨印刷。但是，对于较长面料的印花，如果你购买由专业公司预涂的面料卷则更实用，并且会产生更好的效果。涂层中的化学物质要求必须使用某些特定染料，因此检查非常重要。

喷墨着色剂种类

均匀涂覆涂层对于颜色和细节一致性至关重要。如果相同类型织物的两个不同卷筒上所涂的化学成分或涂层量有很大差异，则可能会出现印刷的颜色不匹配。在某些情况下，如果涂料的化学配方不正确，则墨水可能会渗出或无法正常晾干。涂层可能会变硬，布料有时会失去光泽。但是，一旦将其洗涤和蒸煮，它将恢复其原有的光泽、柔软度和悬垂性。

使用的着色剂有两类：染料和颜料。纺织品喷墨印花所用染料和颜料的化学成分是以织物传统染色或丝网所用染料和颜料的化学成分为基础的，其本质区别是合成染料和颜料。用于喷墨纺织品打印机的颜料黏度也已被修改，从而不阻塞打印头。随着数字印花技术的进步，颜料油墨附着在面料表面的方式也发生了改变。

不同类型的织物必须使用特定的染料。纺织用的纤维有三类：植物纤维（纤维素）、动物纤维（蛋白质）和合成纤维。酸性染料只适用于蛋白质基材料和尼龙，而活性染料既可用于植物基材料，也可用于动物基材料。分散染料已被开发用于合成聚合物基材料的着色。根据所用染料的类型，可以获得不同的颜色。酸性染料产生的颜色比活性染料产生的颜色更亮。例如，不可能通过使用活性染料获得"霓虹灯"的绿色。然而，分散染料也会产生非常鲜艳的颜色。

颜料与染料相比，颜料的使用可能更为普遍。与染料不同，它们不直接与纺织纤维结合，而是通过"黏合剂"固定在织物的表面。颜料通过加热黏合到织物表面。用颜料印刷的颜色比用染料印刷的颜色要暗一些。

颜料停留在织物表面时，像丝缎这样的织物在印花后会失去一些光泽，也会变得比用染料印花时稍硬一些。颜料尽管有这些缺点，却在纺织品印花中被广泛使用，因为它们适用于所有类型的织物，而且比染料更不易褪色，也比较便宜。在喷墨打印机中使用颜料最显著的优点是面料不需要经过预处理或加涂层。

向打印机输送墨水

将染料或颜料输送到打印机中有两种方法。喷墨打印材料供应商销售的墨盒与台式照相打印机使用的墨盒相似，然而，设计用于大幅面纺织品打印机的墨盒要能储存大量墨水，因此"批量进给"系统也开发出来，一个单独的设备连接到打印机，并从一个瓶子进给墨水。这种"批量进给"系统更经济，因为纺织品墨盒的成本可能令人望而却步。它也可能使用特殊的储存装置设计，用一个连接灌注器的瓶子补充墨水，据证实，这种方法也比使用一次性墨盒更经济。当使用散装进墨系统或墨盒时，要防止气泡进入进墨系统是非常重要的，因为气泡会导致打印头堵塞。

固定工艺

染料织物印花后，把它卷起来，夹在一层特殊的纸、塑料网或麻布之间，这样油墨就不会从布的一面转移到另一面。这也便于将蒸汽转移到卷筒内部。在染料固色过程中使用的蒸笼有几种类型。小型工作室使用一个简单的装置，由一个直立的金属圆柱体装置和一个可拆卸的盖子组成，在这个圆柱体装置中，水被电气元件加热到沸点。这些蒸锅被设计成能使织物搁置在蒸笼底部的平台上，并保持卷筒由顶部的一个装置垂直托住，以确保它既不与水接触，也不与可能在圆柱体装置内部形成的冷凝物接触。如果水确实接触到卷筒，就会导致墨水渗透，使图像模糊不清，严重时甚至完全消失。蒸煮时间因蒸锅类型和染料类型而异。如果蒸锅内的条件不同，或者蒸汽的分布不均匀，那么颜色就会不一致。这些竖直的蒸锅只能蒸大约10m（11码）的织物。织物染料固定可以挂在蒸汽室或柜子中进行。

在工厂中，使用工业规模的蒸汽机进行批量生产。也有能够容纳50m（54码）织物的中档设备，价格对于较小的工作室来说是可以负担得起的。这些装置比上面介绍的小蒸锅更精密，使温度和压力的控制更加容易。可以自动定时，循环结束时自动释放蒸汽。使用工业蒸汽机，蒸汽处理的时间也较短。

所有的蒸锅都要进行适当的通风，并且在释放蒸汽时，要经过抽气装置的过滤，以除去有毒的烟雾。技术人员也要戴防毒面具。

颜料印花 面料用颜料印花后，需要在专用烤箱或热压机中烘烤固定。

分散染料 分散染料可以直接用数字印刷到基材上，然后通过加热固定。在喷墨转印过程中，可以将图像打印到特殊的纸张上，然后将基材通过加热的滚筒或在热压机下固定并同时将图像转印到织物上。合成纤维织物、聚酯涂层的富美家（Formica）和陶瓷制品都是这样固定的。

洗涤

固色后，需要洗涤面料以去除多余的染料。每批面料必须在完全相同的条件下机洗以保持一致性。洗衣机不要过载，因为如果面料包裹太紧可能会被染色。家用洗衣机通常可容纳约10m（11码）的织物。长度超过此数量时，应使用工业洗衣机。洗涤面料尽可能清除染料。涂层的残留物可引起黏性，可通过进一步洗涤除去。温度设置与非数字印花织物的设置相同。洗涤后，不应将织物弄皱，以防染色。

此处展示了各种不同基材的相同染色，如丝绸、丝绸雪纺和绸缎（从左到右），测试颜色和表面效果的差异。

该图显示了可用于不同基材的着色剂类型及其相应的固色过程。

	酸性染料（蒸汽）	活性染料（蒸汽）	分散染料（加热）	颜料（加热）
丝绸	O	O		O
羊毛	O	O		O
亚麻布		O		O
棉花		O		O
尼龙	O			O
聚酯			O	O
人造丝		O		O

数字印花的优势

正如前文所述，数字印刷相对于传统印刷方法在速度、效率和少量面料的印刷成本方面都具有优势。但是，它在大批量印刷成本方面目前还不具竞争力。随着对该领域研究的深入，假以时日，它将能与传统印刷方法直接抗衡。

事实上，节省成本和提高效率只是其部分优势：喷墨印刷的不同之处在于其减少了对环境的影响以及设计优势。从设计的角度来看，它可以用于任何尺寸、重复或非重复元素以及按特殊要求来印刷色彩丰富而精细的设计，从而提供了无限的创意空间。

减少环境影响

喷墨打印比传统打印方法更为环保，更有利于可持续发展。这主要是由于按需使用墨水减少了染料浪费。此外，将面料作为整体或根据特定图案布局进行印刷，也减少了面料浪费。据报道，喷墨打印比传统打印方法用水少 30%，用电少 45%。这意味着与传统印刷工艺相比，该工艺对环境的影响较小。

快速准备

图像设计完成后，喷墨打印机的技术设置时间就变得最短。与大多数传统的打印方法（通常在开始打印之前要涉及几个准备步骤）相比，数字打印更为直接，并且小批量打印的准备时间很短。例如，一台 Mimaki TX2 打印机每小时可打印 3 到 28m 面料（3 到 30 码，具体取决于图像质量），并使用 8 个可容纳 16 个通道的 Epson 型打印头。顾名思义，小批量打印机能够生产少量的印刷品，以用作原型、一次性或限量版产品。但是，也可以将此类打印机设置为数字打印生产设施中的多个设备。可以打印更多数量具有批量生产能力的打印机于 2003 年首次发布，通常每小时可以打印约 200m（220 码）面料。最著名的制造商是 Dupont（Artistry），Reggiani（DReAM）和 Robustelli（Monna-Lisa）。奥西里斯（Osiris）已制造出了一台高产量打印机，该机器每小时可打印 1800m（1970 码）面料，每分钟约 30m（33 码）。

数字印刷的即时性、准备时间短也意味着时装和纺织品公司不再需要在制造最终产品之前就准备额外的面料库存，从而减少了浪费。可以根据需要设置印数，以匹配零售商的订单。

准备时间短对设计者来说也是大有裨益的。对于大多数艺术家和设计师而言，一个想法的成功实现通常需要尝试、重新评估和改编。数字印刷仅是设计师想象力的第一步，它可以促进设计开发过程中的思想交流。

无限的色彩和细节

实际上，数字喷墨织物印花技术可以复制的图像类型是没有限制的，因为它是基于 CMYK 或工艺彩色方法的照相印花。CMYK 原色的半色调化意味着观察者可以感知数百万种颜色，仅受染料相对于基材的色域限制。用酸性染料可以获得极鲜艳的颜色，但是用墨水还不能

荷兰 Osiris 公司开发了 Isis 打印机，该打印机能够以每分钟 30m（33 码）的速度打印，可以与旋转丝网印刷的速度相媲美。Isis 使用连续流喷墨技术，利用特殊原理，用固定的打印头横跨打印机的宽度。

获得霓虹灯的颜色。由于这项技术以照片为基础，原始图像的大部分细微差别都能体现到面料上。

增加规模

在纺织品上应用数字印花后，设计师们的第一反应是兴奋，因为他们突然间不再需要重复（设计单位或略图）就有可能打印壁画大小的图像。有了数字印刷技术，软件处理大文件的能力成为设计尺寸的唯一限制。

尽管设计师总会出于美学原因继续使用重复图案，但由于更大的画布和扩展裁片定位印花功能的应用，设计师处理印刷品的方式正在改变。开发出软件以适用于更长面料的打印已成为可能，随机产生的变化结构（如在生物生长模式中发现的结构）的生成和打印也已开展研究。

定制设计

一般而言，大众市场利用数字印花来"填充"服装轮廓，而不是与服装和身体互动。数字印花被置于服装造型之外，未能与之协调，以至于数字印花往往显得笨拙且并不恰当。有了喷墨打印，服装和数字印花之间的关系更加牢固。通过按照服装或产品的确切规格打印图像，印刷设计师可以更充分地处理形式与图像之间的关系。

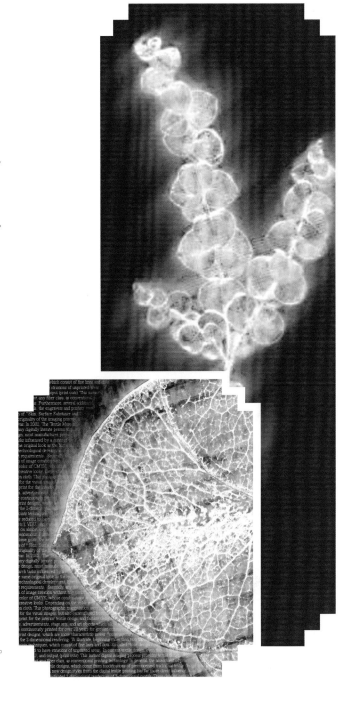

'Hitoshi Ujiie 的"分枝"（2005年）彰显了数字设计和印刷相对于传统方法的两个最明显的优势：作品高3.5m（近4码）。仔细观察，你可以发现其细节水平极高。

数字喷墨印花的缺点

采用数字喷墨技术的最大障碍在于其仍然比丝网印刷和热传递方法昂贵得多。数字技术在降低成本的同时，还要长期进行开发和集成，方可与滚筒印刷竞争。目前市场上许多数字印花机仅用于印刷样品和创建最终使用传统方法生产的原型。在撰写本书时，世界上仅有1%的纺织品是数字印刷的。

在设计方面，数字印花的优势远远超过传统方法，但数字印花尚无法实现丝网印刷可能产生的装饰效果，如脱绒和植绒，还不能使用金属油墨印刷。目前这些技术正在被研究和开发。

数字纺织品设计和印花软件

数字印刷的背后是在设计过程中以及在准备印刷设计时使用的一系列软件。这些软件直到 1998 年纺织品数字印刷技术开始应用后才进入纺织品设计师的视野内。现用软件包 Adobe Illustrator 于 1987 年作为字体开发程序首次发布，供图形设计师使用。紧随其后的是 1990 年面世的 Adobe Photoshop。尽管纺织品设计师也可以使用这些工具，但它们最初属于摄影师和图形设计师的领域，因为通过使用它们创建的图像只能在纸上实现。因此，广告、出版和摄影行业引领了数字成像软件的发展，而真正的纺织品数字化在这些软件使用十年后才兴起。

使用专业的 CAD 系统设置要打印的设计。右侧是一个灯箱，用于匹配校准系统中的颜色。

使用专业 CAD 系统

除了现有成像软件外，还有一系列专业的 CAD（计算机辅助设计）系统可用于纺织品印刷业。这些程序通常提供给批量生产其产品的公司使用。在大多数情况下，尽管程序能够拍摄包含数百万种颜色的图像，但最终目的是将这些颜色减少到可雕刻用于滚筒印花的丝网数量（此过程称为分色）。与主要为影印行业设计的 Photoshop 不同，专业的 CAD 程序包含的工具可辅助外观设计所特有的设计创建，包括创建配色、为雕刻师准备的设计润色和自动实时重复播放功能。许多打印机还包括复杂的色彩管理系统。尽管可以使用现成的软件进行此类操作，但专业的 CAD 程序简化了准备打印图像的过程。Adobe Photoshop 和 Illustrator 确实为打算小批量数字打印并希望保留图像质量的设计师提供了出色的工具。

分色工艺 在纺织行业中，分色（也称为减色）工艺是指将图像中的颜色数量减少到一定数量的不鲜明的颜色或"专色"颜色（通常显示为黑色和白色），代表包含每种颜色的一组图案的形状（低端市场通常少于 10 种颜色，奢侈品则更多）。尽管在实际打印过程中仅使用了有限数量的颜色，但为了模拟包含数千种颜色的图像，也可以将色调分离创建为灰度级。

分色有两个目的，第一是为旋转丝网印花准备图像；每一次分色被用来创建一个丝网，该丝网将在工厂中按顺序打印；第二，它使色彩搭配和创造更加容易。

这些图像显示了使用 CAD 程序创建的四色分色，以雕刻使用传统方法打印该不鲜明的颜色设计所需的四个丝网。颜色样本可利用数字方式打印以复制最终产品。

这是一个包含色调效果的设计示例。通过将原始扫描中发现的数百万种颜色减少到准备用于旋转丝网印刷的八个丝网色，可以创建八种颜色的色调分离。

基于相同分色模板设计的可选颜色。

如果某设计将用数字印刷，那么分色也意味着它将更容易在一系列同类设计如边框或匹配的全部印刷中"插入"匹配的颜色。

分色可以是一种高度熟练的艺术，需要在工业环境中进行大量的实践。爱马仕（Hermès）、福勒（Colefax & Fowler）等公司依靠的是精通分离手工艺的艺术家。英国桑德森（Sanderson's）等高端家居公司使用的大部分艺术品都是手工绘制的，尽管最终的设计看起来简单得让人难以置信，但原件的扫描包含了数千种颜色，在屏幕上雕刻之前必须执行一系列步骤。

颜色和调色板数据库　"颜色"是一个在纺织工业中使用的术语，用来描述相同设计不同颜色的版本。通常，虽然每种配色的颜色不同，但它们遵循一个从亮到暗的设定顺序，以帮助组织它们的印刷过程。大多数专业 CAD 纺织系统还提供了色彩调色板数据库，这些数据库可以按集合或季节组织，以便于将一组颜色自动转移到整个集合中。

实时重复　自动实时重复功能是指创建几乎即时的重复（包括跳接），在准备打印时非常有用。你可以通过宽幅查看或"平铺"所需的重复单元，并且当一个图案被移动或操纵时，重复网格中的所有复制品都会立即改变。

色彩处理

每个人对颜色的感知是主观的，这在一定程度上使得我们在技术转换时难以阐释颜色。造成这种困难的另一个因素是加色和减色之间的差异。减色是那些由青色、品红和黄色的原色组合而成的，这些颜色吸收光线，所以在印刷时能看到油墨和染料中的颜色。理论上，把它们混合在一起就会生成黑色。我们在监视器上看到的颜色是反射光的结果，是由红、绿、蓝三种原色混合而成的，这些颜色被称为加色。在加法模型中，混合所有三个 RGB 原色结果为白色。数字相机、扫描仪和监视器都使用这种加法 RGB 模型作为显示或解释颜色的基础，而纸张或纺织品上的印刷使用减法模型。

打印屏幕的问题

在数字印花中，可以通过两种方式来获得我们所希望的颜色：进行人工调整和颜色测试，或者将单独的颜色管理软件纳入数字印刷工作室的设置。

数字纺织品印花的新手可能会遇到一些和颜色相关的问题，对于获得理想结果的工作流程存在困惑。围绕彩色和数字印刷出现的许多问题往往是基于错误的假设，认为屏幕上看到的颜色将自动匹配最终印刷中的颜色。事实并非如此。当为数字印刷的颜色设计定稿时，关键是要明白，我们在屏幕上看到的颜色是相对的，除非我们使用色彩管理软件，否则不应想当然地认为我们所选择的颜色将被精确地复制出来。

这里有两个原因：首先，虽然所有显示器和显示设备都使用 RGB 技术，但除非经过校准，否则每种设备显示相同的颜色会有所不同。同样，相同类型的打印机也有不同的"指纹"，它们很可能会将相同的设计以不同方式显示，因此也要校准。此外，需要将 RGB 数据转换为控制打印机所必需的 CYMK 数据，因为显示颜色和打印颜色之间存在差异。

连接到打印机，打印驱动程序和 RIP 软件

大多数桌面打印设备都包含一个名为打印驱动程序或光栅图像处理器的程序，该程序要么由 Photoshop 等软件公司提供，要么由 Epson 等打印机供应商提供。然而，像 Mimaki 这样大幅面打印机的驱动程序并不是内置的，因此有必要购置一个专业的打印驱动程序，因为没有它打印机可能无法操作。在数字印花中，驱动程序在控制印花质量与工作室或"工厂"的顺利运行方面所起的作用不可低估。在建立新工作室时，仔细研究和选择合适的软件是至关重要的。

RIP 是一种软件，可以将显示图像中像素矩阵（位图）中的 RGB 数据光栅化或转换为 CMYK 信息，以"驱动"打印机。该软件还设定了一些变量，如打印速度和分辨率，以及打印头通过的次数和要存储的墨水量，从而影响颜色。如果已合并颜色管理，则技术人员将通过打印驱动程序设置先前描述的配置文件，以适应每种类型的织物。重要的是，纺织品 RIP 还将重复设计一个单元，并自动合并跳接。这种驱动器还要经过专门构思，才能适应大规模设计以及大规模生产所需的极长印刷长度。

专业色彩管理系统

目前已为照相、复制业务以及对色彩精度至关重要的其他行业开发了一系列专业的色彩管理技术。这些系统的目的是简化和促进颜色工艺处理，因为颜色是从一种设备转换为另一种设备，直至最终生产。例如，高度复杂的纺织品系统能够将染料配方所需的颜色数据直接发送到工厂。

大多数颜色管理系统是通过在给定工作流程的环境中协调使用各种输入和输出设备，管理和传输颜色数据的方式进行工作。颜色管理的核心是被称为校准的过程，该过程作为一个循环并涉及一种反馈机制，该机制首先使用 CMYK 主色油墨打印一组文件。技术人员会对这些颜色进行分析，以确定每种织物类型的最佳打印机设置，例如特定织物在颜色渗色之前可以吸收多少墨水。然后，使用分光光度计（一种用于测量光谱透射率或反射率的仪器）读取这些样本，并将数据生成一系列文件（称为

左图：发射光的RGB附加颜色模型，用于生成监视器显示的颜色。

右图：吸收光的CMYK减色模型。

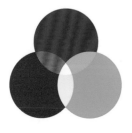

打印机配置文件），这些文件将针对每种织物类型进行个性化打印控制。从本质上讲，在此阶段，在分析更大范围的颜色之前，先对基本的打印机控件进行微调。

在已校准的设置中，多个打印机以及监视器可以包括在一个封闭系统中。然后将这些预置文件应用于软件系统生成的一组颜色样本，以便打印，并将它们与显示器上的同一文件中的相应颜色进行比较。一旦染色剂已经固定和洗涤，分光光度计再次被用来读取印花"目标"样本中每种织物类型的颜色芯片。同样，通过对着监视器放置分光光度计，也可以在屏幕上测量一系列彩色目标。然后，该数据由软件处理，并用于使用 RGB 数据微调所显示的颜色，以匹配最终打印品中的颜色。所显示颜色和打印颜色之间的光谱差异由软件编辑，以便为每个监视器和织物类型创建预制文件。

此流程的优势在于，当将某种配置文件应用于显示的图像时，设计人员能够更准确地判断最终的颜色是什么，并且能够查看如果要使用不同的染料或颜料、用于印刷最终的颜色将如何变化。例如，如果某种织物使用某颜料无法获得非常亮的红色，则某些程序将显示色域中最接近的匹配项。然而，由于纺织品印刷中使用的染料和着色剂的局限性，目前，某些颜色可能可以在屏幕上显示，但不是任何情况下都可以复制。可以实现的颜色被描述为"色域内"，而可能无法显示或打印的颜色都被描述为"色域外"（见右图）。

可通过使用分光光度计测量纸张或织物色样的颜色，也可以将其输入设计中，从而在打印后自动生成匹配。在使用织物或纸张颜色样本进行匹配时，必须考虑到一点，即根据其应用于有光泽、无光还是透明基材，相同的颜色似乎会有所不同，这点非常重要。同样，在不同的条件下（如日光或荧光灯）观看，打印件中的颜色可能会改变。专业设备灯箱将有助于实现这一目标。

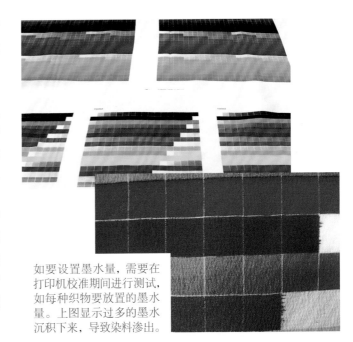

如要设置墨水量，需要在打印机校准期间进行测试，如每种织物要放置的墨水量。上图显示过多的墨水沉积下来，导致染料渗出。

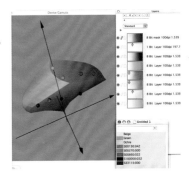

此为在特定色域的 3D 模型内一组可实现的颜色。无法实现的颜色是"色域外"。

使用分光光度计读取色彩目标，以生成符合各个打印机设置的特定配置文件。

颜色匹配的纱线和织物色板。

振兴纺织业

数字印花在设计和生产上都为纺织业振兴立下汗马功劳。在意大利和日本，许多知名印刷公司都利用数字印刷技术与传统技术相结合的方式来保持与高级时装客户的联系，这些时装品牌开始探索数字设计。中国的企业也在新技术上投入大量资金，而数字印刷机构正在一些国家兴起，这些国家的织物生产基本上都被亚洲抢走了。由于设备成本相对较低，这也鼓励设计师建立自己的印刷工作室。

使用CAD系统设置在拉蒂工厂打印图像。

数字印花厂

意大利科莫的许多数字印花厂生产一些世界上最豪华的织物，并被许多设计师认为是纺织品印花的卓越中心，如曼特罗（Mantero）和拉蒂（Ratti）。自第一台纺织品数字打印机问世以来，它们一直将最新技术和传统印刷技术相结合。拉蒂等公司的理念是，他们生产的印刷品质量远比数量或成本更为重要。投资于最先进的技术对于保持竞争优势至关重要，因为一些科莫打印厂并不仅仅购买设备，而是与其开发人员携手合作，不断改进技术。可以说科莫纺织印花是一门艺术。

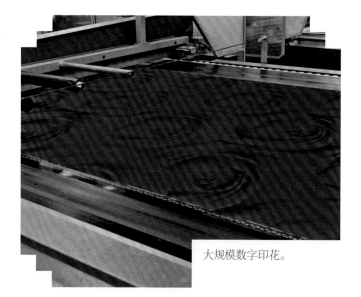

他的设计工作室将传统技术（如手绘）与数字工具一起使用。

在日本，Seiren 公司也是喷墨纺织印花的先驱，早在 20 世纪 80 年代初就开始测试这种技术的可行性。到1991 年，他们将喷墨印花和传统的方法相结合，主要市场之一是定制汽车内饰市场。中国企业黄华（Huang Wha) 也开始大量投资喷墨印花工厂。

拉蒂工厂占地 4600m²（50000 平方英尺），位于意大利科莫高原上。

大规模数字印花。

数字印花公司

由于大型喷墨打印机的成本大大低于建立圆网印花厂所需的成本，因此出现了许多小型数字印花厂，专门从事纺织品印花。印花服务企业为学生实习、独立设计师和大型商业公司提供了宝贵的资源。一些公司在艺术家的工作室外工作，而另一些公司则像小型工厂一样，拥有多台打印机，以满足对创新和特殊产品不断增长的需求。这些小型企业将支持未来对设计师和定制商品不断增长的需求。

小型企业可以为设计师生产小批量的织物原型，并进行面对面的咨询。以传统方式印刷面料样品可能会非常昂贵且耗时，对于想要快速查看印刷结果的设计人员制造了障碍。而通过和小企业合作，设计师可以在采样过程的不同阶段查看和表达对面料的意见，并在开发过程中尝试新的想法。纽约数字印花公司 First2Print 的 Dan Locastro 注意到："我们可以用一小部分的时间进行打印，而这些时间是面料制造商为样品展示、开发销售渠道和拍照准备样品所需的。"

学生们现在正在通过数字印花公司来实施他们的设计。这种方式学习方法有助于让学生获得预算、沟通和管理方面的经验，帮助他们从实践中顺利过渡到独立经营。更为重要的是，他们传承了数字印花工艺的实用方法。

利用印花公司

不同的数字印花公司使用不同的硬件和软件，因此实际上不可能给出硬性准则，但是伦敦数字印花公司 J. A. Gilmartin 建议遵循以下基本经验法则：

务必及时采样。这是这一工艺的重要部分，怎么强调都不为过。

检查要打印的织物的收缩率：某些织物的收缩率大于其他织物，并且在打印后会发生收缩，因此最好在刚开始打印较大的数量。

务必将文档裁切成所需的大小，尤其是重复单元，因为打印机会将任何空白视为设计的一部分。如果要打印面板并希望包含空白，请添加裁切标记。

请记住，颜色匹配可能很耗时，因此价格昂贵，因为每次都必须对样品进行蒸煮和洗涤才能正确匹配颜色。

位于纽约的数字印花公司 First2Print 的印刷过程。从左图到右图，从上图到下图：设计工作室中的打印机设置；加载打印机；正在进行打印；检查并认可最终打印稿。

纺织品印花的未来

随着数字印花技术的迅速发展，纺织品设计和印花研究将有许多可能的方向。目前正用于丝网印刷的智能色料，如感温变色油墨，无疑适用于数字印花。目前还正在研究使用有机发光聚合物（OLEP）等显示技术将图像喷墨打印到柔性屏幕上，可下载、可变化或运动图像的面料将有可能随之诞生。像玛吉·奥思 (Maggie Orth) 这样的艺术家（以互动纺织品而闻名）与科学家合作时，其作品超出了我们的想象。

LED 元件已嵌入各种产品中。侯赛因·查拉扬使用这项技术为他的 2007/2008 秋冬系列（右图）创作了一件连衣裙。尽管将 LED 应用于服装时并未进行数字印花，但其前景可期。

金属油墨的数字印花也正在进行研究，尽管目前尚不能在布料上进行，但已可以在其他基材上进行。一旦开发出来，这将可以使电路印在衣服表面兼作装饰元素。

随着打印机发展速度加快，打印范围拓展，数字印花所占比例显然将在未来十年内增加。由于数字标记特征不同（如浮雕、印刻、标记的密度和深度），墨水范围和工艺类型可能会有新的令人兴奋的变化。这将需要开发油墨和染料，置于织物之上，印刻到织物上或使其变形，还需要开发织物制剂，使用化学直接对其进行制备处理，以扭曲或显示其内在层次，产生诸如防染和涂层的效果。

最后，军事、医疗和化妆品行业也在资助将纳米颗粒微胶囊化到墨水中的研究，若成功，织物上将可以数字印刷抗菌剂，包括驱虫剂、维生素、皮肤调理剂和香水。随着技术以及数字设计和印刷手段的进步，纺织品设计的未来将令人振奋，不可估量。

通用显示公司等一直在研究开发柔性屏幕技术，可以使运动图像能够显示在柔性基板上。这里是一个该显示方式的可视化例子，充分利用了有机发光聚合物技术。

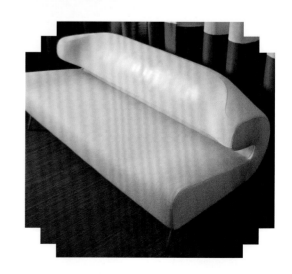

侯赛因·卡拉扬（上图）的作品和飞利浦公司的Lumalive发光布料（下图）展示了将LED技术集成到设计中的前景。

词汇表

A

Alginate A substance extracted from seaweed that is used as a thickening agent.

Avatar A virtual depiction of a human figure, usually animated.

B

Batik A resist-based dyeing technique where wax is applied to a fabric in order to delineate the design by creating a mask before dyeing. (See also Shibori.)

Bespoke A one-of-a-kind customized product; made to order.

Body Scanner A device that is used to capture measurements digitally in order to create a highly accurate 3D model of an individual's body.

C

CIE (Commission Internationale de l'Eclairage) This international commission on illumination was established to create objective standards for defining and communicating colour.

CMYK Subtractive colour model consisting of cyan, magenta, yellow and key (black). In digital printing, these four basic ink colours are combined in a matrice of dots to create all the other colours that will be printed.

Colour Calibration The management and adjustment of colour data within a closed workflow environment for both input and output devices.

Colour Gamut A complete subset of colours that can be accurately represented for a given device, such as a monitor or printer. Different devices have different gamuts.

Colour Management A software system that controls the conversion of colour data for both input and output devices. The goal of a printed-textile colour management system is to aid the colour matching process as data is converted from emitted RGB into printable CMYK values.

Colour Profile Data characterizing the colour output of an individual device.

Colour Separation (also known as colour reduction) A process where the millions of colours found in a photographic or scanned image are systematically reduced down to a finite number of flat colours in order to prepare the design for printing or engraving, or to aid in the creation of colourways.

Colour Space A three-dimensional graphic model illustrating a set of colours in which the perceptual difference between colours is represented by points within the colour space.

Colourways Versions of the same design that are composed of different colour palettes.

Continuous Flow Inkjet Technology (CIJ) One of the two types of inkjet printing technology; in this process a high-pressure pump directs liquid ink from a reservoir through a microscopic nozzle, thus creating a continuous stream of ink. (See also DOD.)

Coordinated Prints A group of print designs based on the same concept and colour palette, for use in conjunction with each other.

Croquis Term used to describe the original artwork of the design unit intended for a printed textile, before it is put into repeat.

D

Découpage A technique of decorating the surface of objects such as furniture or boxes by gluing paper cut-outs and illustrations from magazines; this is then sealed with varnish for durability.

Delta e The unit used to quantify the difference between two colours within the CIE colour space.

Devoré (also known as burn-out) A method of printing onto fabric with more than one fibre type. The areas of the design are printed with a chemical that burns out one of the fabric's fibre types to leave a translucent area.

Digital Textile Printing A general term that includes all forms of digital printing such as laser and inkjet technology.

Discharge Printing A method of printing using chlorine or other chemicals to remove areas of previously applied colour and replace them with another colour.

DOD (Drop on Demand) One of the two types of inkjet printing technology and the most commonly used in digital textile printing; the primary DOD method used to print on textiles is known as piezoelectric. (See also Continuous Flow Ink Technology.)

Dot Matrix In the case of inkjet printing, this is a two-dimensional pattern of CMYK dots that combine to generate the printed image.

dpi (dots per inch) Used to determine the resolution of a digital image, this is the number of dots per inch within a given image's dot matrix.

Dye-sublimation Printing There are two forms of this kind of printing – indirect and direct. In the indirect method an image is first printed onto paper using disperse dyes. By means of a heat press, the dye particles are then changed into gas, and so transferred onto polyester-based fabric. In the direct method, the image is printed onto the fabric substrate, then fixed using heat.

E

Eco Design A method of designing a product that takes into account its impact on the environment at all stages of its life cycle.

Electrostatic Printing Also known as laser printing. A process where liquid toner is adhered to a light-sensitive print drum; static electricity is then used to transfer the toner onto the printing medium, to which it is fused via heat and pressure. This is the technology used in most photocopiers.

Emulsion A mixture of two unblendable substances; light-sensitive emulsions are often used in the preparation of hand silk screens.

Engraver In the textile industry this refers to a company that prepares silk screens for printing.

Engraving In the textile industry this term refers to the process of preparing a silk screen.

Engineered Print (also known as a placement print) A print where the design is laid out to fit the pattern pieces and structure of a garment.

F

Fixation The process of permanently bonding a dye or pigment to a substrate.

Fixation Agent (also known as a mordant) The chemicals used to aid the process of permanently bonding a pigment or dye to a substrate.

Flat Bed Silk Screen A silk screen that is stretched over a rectangular frame.

Flock Printing A method where areas of the fabric are first printed with glue, and then have flock fibres or paper applied to them. Once dried, the excess flock is removed to leave a raised velvet-like surface.

G

Gravure Printing A printing process where the image to be printed is engraved into a metal plate.

H

Halftone In the context of digital printing, the shade of a colour as it gradates from dark to light in an image such as a watercolour.

Heat Photogram A method of printing where dyes are painted onto transfer paper, an object is then impressed directly onto the paper to create a design, and heat is used to transfer the image onto fabric.

I

ICC (International Colour Consortium) An organization that creates objective standards for defining and communicating colour.

ICC Profile A set of data defined by the ICC that characterizes a colour input or output device, or a colour space.

Inkjet Printing A specific form of digital printing that works by propelling variably sized droplets of liquid, or molten ink, onto the substrate. The two main types of inkjet printing technology are DOD (drop on demand) and continuous flow. (See also Continuous Flow Inkjet Technology and DOD.)

J

Jpeg (Joint Photographic Expert Group) A popular file format for compressing and saving digitized photographs and images.

L

Laminating A process of using heat or pressure to bond two or more materials, such as plastic and fabric, often used to make waterproof fabric.

Large-Format Printer Term used to describe all printers that are wider than desktop printers, and that are usually designed to accommodate rolls of material and print longer lengths.

Lay Plan A grouping of pattern pieces as they are laid out on a piece of cloth before cutting.

Light Box A specialist piece of equipment used in the colour-matching process to view colours under a set of standardized light sources, such as simulated daylight or UV light.

M

Mass Customization A term used to describe the semi-customization of products where the customer is able to personalize an item by choosing from a preset number of features.

Micro-encapsulation A process in which tiny particles or droplets are surrounded by a coating.

Moiré Pattern A pattern where the design or texture of a fabric creates a wave-like effect.

Monochrome An image whose range of colours is made of shades of a single hue, usually black.

P

Photochemical Process A process that involves the chemical action of light. Within the context of this book it refers to a technique where a light-sensitive substance is used to transfer an image or photograph onto a substrate.

Photomontage A technique of producing a composite image by combining a series of photographs.

Piezoelectricity (or electric polarity, produced by the piezoelectric effect) An electric potential generated by some materials, such as crystals and certain ceramics, in response to applied mechanical stress. As opposed to thermal DOD, this is the primary technology used to create the ink drops in piezoelectric DOD inkjet printing.

Pigment A substance that imparts colour to other materials. Unlike dyes, pigments are not designed to permeate the fabric of the substrate, and bond only to its surface.

Pixel The smallest and most basic unit of visual information for a digitized image.

Polymer A large synthetic molecule composed of repeating structural units, usually of high molecular weight. An example of a polymer-based fabric is polyester.

Primary Colours Basic colours from which all other colours can be made. In the context of this book, the primary colours are those associated with the CMYK and RGB systems. (See also CMYK and RGB.)

Print Head The part of a printer that contains the print nozzles that are responsible for firing the ink droplets at the substrate during printing.

Prototype The original or model on which a product design is based or formed.

R

Raster A raster graphics image or bitmap is a data structure representing a generally rectangular grid of pixels, or points of colour, as opposed to a vector-based image that is based on geometry.

Rasterize To convert an image into a matrix of pixels. (See also RIP.)

RGB An additive colour model comprised of three basic colours – red, green and blue – emitted as light and combined to create a broad array of colours. Digital cameras, computer monitors and televisions all use the RGB system, as opposed to the CMYK system used in digital printing, in which the pigments are not emitted as light, but as ink to be absorbed by the substrate. (See also CMYK.)

Ready-to-wear (also known as prêt a porter) The garments in a fashion designer's collection that are produced in large enough quantities so that they may be marketed widely, as opposed to limited editions, couture and show pieces.

Repeat A method of laying out/repeating an image unit to create a continuous pattern.

Reprographic The reproduction of text and images through mechanical or electrical means, such as photography and offset printing.

Resolution Term used to measure the level of detail in a digital image. Resolution is determined by the dpi (dots per inch) within a given digital image's dot matrix. (See also dpi.)

RIP (Raster Image Processor) Software used in printing that converts an RGB image into the pixel-based CMYK data needed to drive the printer.

Rotary Screen Printing A form of mechanized silk-screen printing where the screen is a cylinder.

S

Scan The process of capturing the two- or three-dimensional data of an image or object such as a fabric, photograph or drawing into a digital image. (See also Body Scanner).

Shibori Collective term for the different resist-based techniques of tie-dye, stitch-dye, fold-dye and pole-wrap-dye. (See also batik.)

Silk Screen A method of printing where a fabric with fine, porous mesh (often silk) is stretched over a frame. The design is then delineated by masking out the areas of the design that will not be printed, leaving areas open for each colour, through which the ink is pushed using a squeegee.

Spectrophotometer A device for measuring light intensity as it relates to the colour of the light.

Spot Colour In printing, a term for any ink other than one of the four CMYK colours (cyan, magenta, yellow and black).

Steamer In the context of this book, a device that generates steam at high temperatures and is used to fix dyes after printing.

Stencil A technique for printing where holes defining the shape to be printed are cut into a thin material, such as a metal sheet or waxed paper, through which the colourant is then pushed.

Substrate In the context of this book, any material which forms the printing surface.

Sublimation The transference of a substance from a solid to a gaseous state without passing through a liquid stage.

Strike-off An industry term used to describe a test sample meant to indicate what a design will look like once put into production.

T

Thermochromic A substance that changes colour in relation to temperature.

Tiff (Tagged Image File Format) A popular format for saving digitized photographs and images.

Toile In the context of this book the term refers to a trial version or prototype of a garment.

U

Upcycling The practice of taking something that is disposable and transforming it into something of greater use and value.

V

Vector Graphic A digitized drawing that is based on lines and geometry rather than the individual pixels in raster-based programs, thus allowing it to be manipulated and scaled without affecting its image resolution.

W

Woodblock A carved block used to transfer a design onto fabric.

数字印花和设计资源

数字印花公司

英国

工匠公司（Artisan）电话：0044（0）1625 869859
CAD 作品英国有限公司（CAD Works UK Ltd）（仅限于涂料印刷）：www.cadworksuk.co.UK
高级纺织品中心（Centre for Advanced Textiles）：www.catdigital.co.uk
科尔普兰工程有限公司（Colplan Engineering Ltd）电话：0044（0）1706 655899
Digetex：www.digetex.com
伦敦时装学院数字时装印花公司（Digital Fashion Print, London College of Fashion）：www.Fashion.arts.ac.uk
纺织成像有限公司（热转印）Direct Textile Imaging Ltd（heat-transfer printing）
电话：0044（0）1706 656070
伊兰巴赫公司 Elanbach：www.elanbach.com
FabPad：www.fabricprint.co.uk
森林数字公司 Forest Digital：www.forestdigital.co.uk
吉尔马丁公司 J.A.Gillmartin：www.cam-erongilmartin.co.uk
RA 智能有限公司 RA Smart Ltd：www.rasmart.co.uk
丝绸局 The Silk Bureau：www.silkbureau.co.uk

美国

高级数字纺织品 Advanced Digital Textiles：www.advdigitaltextiles.com
卡莱尔整理有限责任公司：www.itg-global.com
定制织物印花：www.customprintedfabrics.com
梦想数字纺织品印花公司 Dream Digital Fabric Printing Services：www.dreamfabricprinting.com
Dye-Namix：www.dyenamix.com
Fabrics2Dye4, LLC：www.Fabrics2Dye4.com
first2print：www.first2print.com
卡玛卡夫公司（Karma Kraft）：www.karmakraft.com
LTS 设计公司（LTS Design）：www.ltsdesign.net
ROTHTEC Engraving 公司：www.ROTHTEC.com
Spoonflower 公司：www.spoonflower.com
The Style Council 公司：www.stylecouncil.com
supersample 公司：www.supersample.com

数字打印机供应商

AVA：www.avacadcam.com（国际）
Digifab：www.digifab.com（美国）
ITNH：www.itnh.com（美国）
Jacquard Inkjet Fabnz Systems：www.inkjetfabrics.com（美国）
Sawgrass：www.sawgrassink.com（国际）
Stock：www.storkprints.com（国际）
RA 智能有限公司（RA Smart Ltd）：www.rasmart.co.uk（英国）

软件厂商

Adobe 软件（设计）：www.adobe.com
Aleph（设计，色彩管理，RIP）：www.alephteam.com
Artlandia 对称工程（设计）：www.artlandia.com
AVA（设计，色彩管理，RIP）：www.avacadcam.com
Clickdesign（设计）：www.clicdesign.com
EAT（设计）：www.designscopecompany.com
Ergo Soft（色彩管理，RIP）：www.ergosoft.ch
Lectra（设计，色彩管理，RIP）：www.lectra.com
NedGraphics（设计，色彩管理，RIP）

www.nedgraphics.com
Pointcarré（设计，色彩管理，RIP）：www.pointcarre.com
Scotweave（设计）：www.scotweave.com Shiraz（色彩管理）：www.uscgp.com
Stork（色彩管理，RIP）：www.storktextile.com
Wasatch（色彩管理）：www.wasatch.com
Yxendis（设计）：www.yxendis.com

色彩管理硬件

X-Rite：www.usa.gretagmacbethstore.com

面料和油墨供应商

英国

AVA（油墨）：www.avacadcam.com
Colplan Engineering Ltd（油墨）：
    tel. 0044（0）1706 655899
RA Smart Ltd（油墨和面料）：
    www.rasmart.co.uk
Target Transfers（CAD/CUT 材料）：
    www.targettransfer.com
Whaleys of Bradford（面料）：
    www.whaleys.co.uk

美国

AVA（油墨）：www.avacadcam.com
Digifab（面料）：www.digifab.com
Fisher（面料）：www.fishertextiles.com
Jacquard Inkjet Fabric Systems（油墨和面料）：www.inkjetfabrics.com
Stork（油墨）：www.storkprints.com

推荐阅读文献

Adobe Creative Team, *Adobe Illustrator CS5：Classroom in a Book,* Adobe, 2010

Adobe Creative Team, *Adobe Photoshop CS5：Classroom in a Book*, Adobe, 2010

Borrelli, Laird, F*ashion Illustration by Fashion Designers*, Thames & Hudson, 2008

Borrelli, Laird, *Fashion Illustration Next*, Thames & Hudson, 2004

Braddock Clarke, Sarah E., and Marie O'Mahony, *Techno Textiles 2：Revolutionary Fabrics for Fashion and Design*, Thames & Hudson, 2005

Brown, Claudia, and Jessie Whipple Vickery, *Repeat After Me：Creating Pattern Repeats in Illustrator and Photoshop*, www.patternpeople.com/ebook

Colchester, Chloë, *Textiles Today*, Thames & Hudson, 2009

Cole, Drusilla, *Patterns,* Laurence King Publishing, 2008

Colussy, Kathleen M., and Steve Greenberg, *Rendering Fashion, Fabric and Prints With Adobe Illustrator*, Prentice Hall, 2006

Da Cruz, Elyssa, and Sandy Black, *Fashioning Fabrics：Contemporary Textiles in Fashion*, Black Dog Publishing, 2006

Fogg, Marnie, *Print in Fashion*, Batsford, 2009

Jenkyn Jones, Sue, *Fashion Design*, 3rd edition,

Laurence King Publishing, 2011

Knight, Kimberly, *A Field Guide to Fabric Design*, Stash Books, 2011

Tallon, Kevin, *Digital Fashion Print with Adobe Photoshop and Illustrator*, Batsford, 2011

Udale, Jenny, *Textiles and Fashion*, AVA, 2008

Ujiie, Hitoshi (ed.), *Digital Printing of Textiles*, Woodhead Publishing, 2006

有用信息

美国纺织化学家和染料师协会：www.aatcc.org
切尔西艺术与设计学院数字纺织品高级讲师梅兰妮·鲍尔斯（Melanie Bowles）：www.melaniebowles.co.uk
《计算机艺术》（每月出版）：www.computerarts.co.uk
《数字艺术》（每月出版）：www.digitalartsonline.co.uk
数字设计师（新闻、软件更新和数字设计教程）：www.thedigitalstylist.com
数字纺织（纺织行业新闻网站）：www.inteletex.com
多佛尔书店（无版权限制的书和图像）：www.doverbooks.co.uk
纺织品数字喷墨印花卓越中心 Hitoshi Ujiie：www.hitoshiujiie.com
数字纺织品设计和印花专家赛艾萨克（Ceri Isaac）：ceriisaac.wordpress.com
英国染色工作者及配色师协会：www.sdc.org.uk
TC2（提供信息并从事行业内新兴技术研究的非营利组织）：www.tc2.com
TECHEXCHANGE（为纺织企业提供技术信息出版、交易和采购的门户网站）：www.techexchange.com
TED（纺织环境设计）：www.tedresearch.net
TRFC（纺织品期货研究中心）：www.tfrc.org.uk

贸易展览

CITDA（美国纺织化学家和配色师协会）：www.aatcc.org
FESPA（世界领先的丝网印刷和数字影像展览会的组织者欧洲丝网印刷商协会联合会）：www.fespa.com
ITMA（世界最大的纺织机械国际展览会）：www.itma.com
Protextiledigital（欧洲数字纺织品展览会）：www.english.protextiledigital.com

索引

致谢

Photo Credits

The authors and publisher would like to thank the
following for providing images for use in this book.
In all cases, every effort has been made to credit the
copyright holders, but should there be any omissions
or errors the publisher would be pleased to insert
the appropriate acknowledgment in any subsequent
edition of this book.

(t=top, b=bottom, c=centre, l=left, r=right)

Photography of student work throughout: Melanie
Bowles, Rebecca Earley and Kenny Taylor; 4–5:
Temitope Tijani; 6: Beatrice Moys; 8–9: Courtesy
of Basso & Brooke; 10 t: Dorte Agergaard/Photo
by Mathilde Schmidt, Denmark; 10 c: Designer/
Creator: Mark Van Gennip/MRRK/www.mrrk.nl /
Photography: Cath Hermans/www.cathhermans.nl /
Model – Annabel; 10 b: TRUST FUN! Money Bag,
2010/TRUST FUN! is Jonathan Zawada, Annie Zawada
and Shane Sakkeus; 11 t, b: Corbis/©WWD/Conde
Nast; 11 r, l: Catwalking; 12 t: Corbis/©WWD/Conde
Nast; 12 c, b: Catwalking; 13: Corbis/©WWD/Conde
Nast; 14 tl: Paul Smith © firstVIEW; 14 tr: Nicolette
Brunklaus; 14 b: Showroom Dummies courtesy of the
designer; 15 l: Ceri Isaac; 15 r: Ceri Isaac and Hitoshi
Ujiie; 16 l, tr: Catwalking; 16 bl: Art Direction:
Stefan Sagmeister. Design: Stefan Sagmeister, Joris
Laarman, Paul Fung, Mark Pernice, Joe Shouldice,
Ben Bryant. Photography: Johannes vam Assem for
Droog; 16 br: Designer and Maker Lucinda Abell,
Photography by Vivien Fettke, Make up by Immani,
Model Rachael Sylvester (Fusion Models); 17 tl: Jula
Reindell; 17 tr: Dorte Agergaard/Photo by Mathilde
Schmidt, Denmark; 17 b: Imogen Houldsworth; 18 t:
Joan Truckenbrod; 18 b: Dill Wallpaper by Michael
Angove; 19 l: Hussein Chalayan © firstVIEW; 19 r:
Corbis/©WWD/Conde Nast; 20 tl: Wexla; 20 bl: Cloth;
20 tr: Ceri Isaac; 20 br: Avatar software by Opitex;
21: Hussein Chalayan courtesy of the designer; 22–3:
Nicola Scofield; 24 t: Jemima Gregson; 24 c: Shift
Dress, Marie O'Connor. Moire digital print on cotton.
In collaboration with Daniel Mair; 24 b: Rowenna
Wilcox; 25: Claire Thorpe; 26 t: Kitty Joseph; 26 b:
Beatrice Moys; 27 t: Anjali D'Souza; 27 b: Catherine
Frere-Smith; 28: Melanie Bowles; 29: Kitty Joseph;
30: Hana Kitazaki. Photographer Hanako Whiteway;
31 tl, tr: Rosie MacCurrach; 31 b: Victoria Purver;
32 tl, tr: Deborah Vesey; 32 b: Rowenna Wilcox; 33 t:
Brian Barrett; 33 b: Henry Muller; 34–35 c, 35 b:
Melanie Bowles; 35 t: Melanie Bowles; 36 t: Melanie
Bowles and Kathryn Round; 36 b: Alexa Ball; 37:
Nada Herceg; 38: Emma Stone; 39 tl: Temitope Tijani;
39 bl: Jemima Gregson; 39 r: Deja Abati; 40: Melanie
Bowles; 44: Emamoke Ukeleghe; 48: Melanie Bowles;
52: Claire Thorpe; 56: Jemima Gregson; 62: Katie
Irving Jones; 66, 69: Daisy Butler; 70: Hong Yeon Yun;
76: Claire Turner; 80: Andrea Patterson; 81 t: Westside
Story © Getty Images; 86–7: Rachel de Joode for Soon
Salon; 89: Vicki Murdoch; 90, 94, 100, 104, 106 t, 112 t:
Design by Melanie Bowles; 92, 96: Design based on
Victoria Purver's *Ophilia*; 108 br: Daisy Butler; 116 t:
Design by Kenny Taylor; 120–1, 123: Chae Young
Kim; 124 t: Amy Isla Breckton; 124 b: Jennis Li
Cheng Tien; 125 tl, tr: Holly Holmes; 125 b: Pauline
Fernandez; 126 l: Melanie Bowles; 126 r: Photo:
Melanie Bowles/Model: Maya Dolman-Bowles; 130 t:
Katie Hoppe; 136 l: Melanie Bowles; 136 r: Photo:
Melanie Bowles/Model: Ashleigh Lyon; 140–1:
Melanie Bowles; 142 t, c: Clara Vuletich; 142 b, 143 tl:
Claire Canning; 143 tc: Melanie Bowles and Sarah
Dennis; 143 tr: Shelly Goldsmith; 143 b; 144 bl, br:

Dominique Devaux; 144 t: Zoe Barker; 145: Emamoke
Ukeleghe; 146–7: Louisa-Claire Fernandes; 148 t:
Amelia Mullins; 148 b: Charlotte Arnold; 149 tl: Emily
House; 149 tr: Matthew Williamson © firstVIEW; 149 b:
Georgina Papandreou; 150–1: Richard Weston; 152:
Photo of Stacey Wickens by Melanie Bowles; 153 tr:
Melanie Bowles; 153 l, br: Joanna Fowles; 154: Emma
Rampton; 155 tl, tr: Dominique Devaux; 155 cl: Katie
Irving Jones; 155 bl: Andrea Patterson; 155 br: Photini
Anastasi; 156–7: Helen Amy Murray; 158 l: Melanie
Bowles; 158 tl, bl: Nicky Gearing and Debbie Stack;
159 l: Andrea Patterson; 159 r, b: Catherine Frere-Smith;
160 t: Zoe Barker; 160 c, b: Alice Potter; 161 tl, bl:
Shelly Goldsmith; 161 tr: Sara Lamusias; 162 t: Taina
Lehtinen; 162 c, b: Chetna Prajapati; 163 t: Victoria
Collins; 163 b: Temitope Tijani; 165: Rebecca Earley;
166–7: Melanie Bowles; 168: Joyce Clissold courtesy
the Museum and Contemporary Collection, Central
Saint Martins; 169 t: 'Toile de Jouy' print courtesy
V&A Museum; 169 bl, br: Melanie Bowles; 170 t:
Flatbed screen printer courtesy Magnoprint; 170 ct:
Rotary screen printer courtesy Stork Prints BV; 170 b:
Paul Smith courtesy of the designer; 171: 'Hobie' shirt
courtesy Benny's Aloha Shirts, CA; 172 l: Illustration by
Advanced Illustration Ltd; 172 tr: Courtesy Robustelli;
172 br: Courtesy RA Smart; 173 t: Jemima Gregson;
173 c: Petra Boase; 173 b: Photini Anastasi; 174–5 t, c:
Melanie Bowles; 175 b: Daisy Butler; 178: ISIS printer
courtesy OSIRIS Digital Prints BV; 179: Hitoshi Ujiie;
180–1, 183 c, 183 br: Images courtesy AVA; 183 t:
Ceri Isaac; 183 bl: Courtesy Nick Cicconi at John
Kaldor UK Ltd; 184: Images courtesy of Ratti SpA;
185: First2Print, New York; 186 t: Courtesy Universal
Display Corporation; 186 c: Hussein Chalayan ©
catwalking.com; 186 b: Courtesy Philips.

Publisher's Acknowledgments

The publisher would like to thank the following:
Anita Racine, Department of Textiles and Apparel,
Cornell University; Edward J. Herczyk, School of
Engineering and Textiles, Philadelphia University;
Philippa Brock, School of Fashion and Textiles, CSM,
University of the Arts, London; and Marcy L. Koontz,
Department of Clothing, Textiles and Interior Design,
University of Alabama.

Authors' Acknowledgments

We would like to thank all the designers, students,
organizations and individuals whose contributions and
support have made this book possible. Their shared
enthusiasm for the subject matter has been a revelation.
Special thanks are due to Hitoshi Ujiie, Amanda
Briggs, Ashleigh Lyon, Betty Borthwick, AVA and
our editors at Laurence King Publishing. Thanks
also to Eleanor Ridsdale for her wonderful book
design. Invaluable support was given by the research
departments, staff and students at Chelsea College
of Art and Design as well as the London College
of Fashion. The project was aided by funding from
the University of the Arts, London and CLIP/CETL
(Creative Learning in Practice Centre for Excellence
in Teaching and Learning). We are also most
grateful to Kenny Taylor, Kathryn Round, Jemima
Gregson, Claire Thorpe, Andrea Patterson, Emamoke
Ukeleghe, Katie Irving Jones, Hong Yeon Yun, Chae
Young Kim, Daisy Butler, Katie Hoppe, Jane Walker,
and Alex Madjitey, who generously assisted in the
development of the design tutorials.

Last but not least, heartfelt thanks belong to Philip
Dolman; Ben, Eve and Maya Dolman-Bowles;
Barbara Isaac; and all our friends and family who
have lent their encouragement along the way.